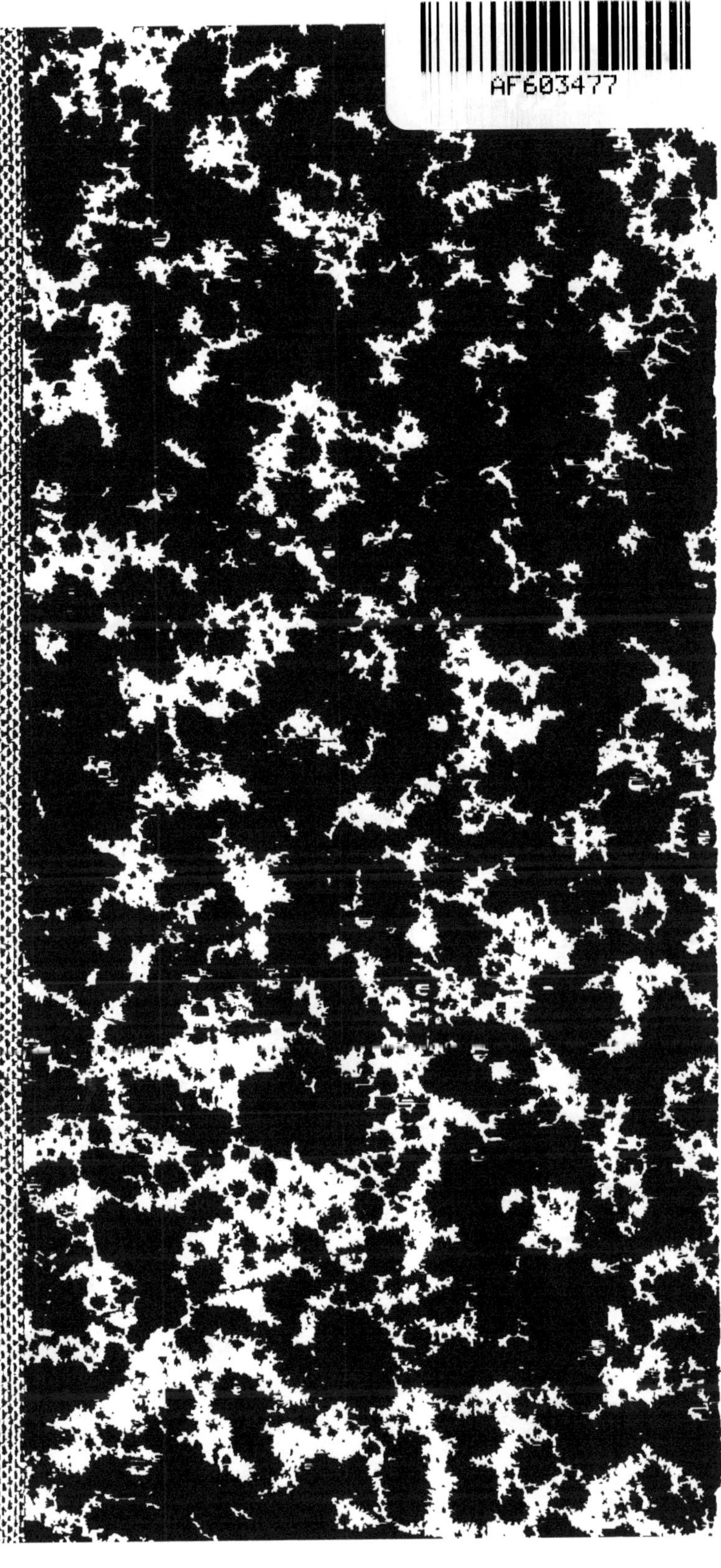

MAURICE

VOYAGE

DANS LA

PÉNINSULE DU SINAI

NOUVELLE BIBLIOTHÈQUE
DE VOYAGES ET DE ROMANS
A L'USAGE DES FAMILLES

M. DE SAULCY, membre de l'Institut. — Voyage autour de la mer Morte, 2 vol.

M. L'ABBÉ DOMENECH. — Voyages dans les solitudes américaines : le Minesota, 1 vol.

AUGUSTE MÉRAL. — Les Roquevair, 1 vol.
— L'Homme aux romans, 1 vol.

CHARLES AUBERIVE. — Les Bandits du dix-septième siècle, 1 vol.
— Voyage d'un curieux dans Paris, 1 vol.
— Voyage en Grèce, 1 vol.

LE BARON D'ANGLURE. — Le saint voyage de Jérusalem, 1395, 1 vol.

M. LE COMTE D'ESCAYRAC DE LAUTURE. — Voyage au grand Désert et au Soudan, 1 vol.

Mlle EMILIE DE VARS. — Geneviève de Paris, 1 vol.
— Les enfants de Clovis, 1 vol.
— Le Roman de ma portière, 1 vol.
— Une Déception, 1 vol.

Mme DE LA BÉRANGÈRE. — Le Retour des tribus captives. 1 vol.

P. CAMUS, évêque de Belley. — Alcime, 1 vol.

VICTOR DE SAINT-PREUIL. — Ève dans l'Éden, 1 vol.

LOUIS DUMONTEIL. — Un ambitieux de province, 1 vol.
— La Petite main de bronze, 2 vol.
— Le Parfumeur millionnaire, 1 vol.
— Mlle de Chaulieu ou le premier livre d'une femme auteur, 1 vol.

OCTAVE SACHOT. — Voyage à Madagascar, 1 vol.

WASSY. — IMPRIMERIE DE MOUGIN-DALLEMAGNE.

VOYAGE

DANS LA

PÉNINSULE DU SINAI

PAR

M. LOTTIN DE LAVAL.

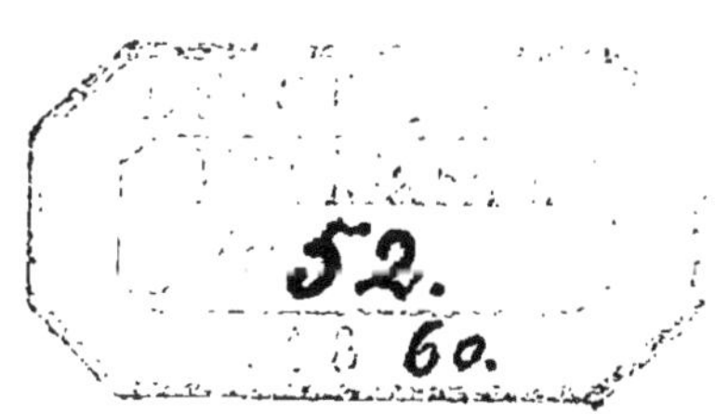

PARIS

NOUVELLE LIBRAIRIE CLASSIQUE

VICTOR SARLIT, LIBRAIRE-ÉDITEUR,

RUE SAINT-SULPICE, 25.

1861

AVERTISSEMENT.

Le voyage dans la Péninsule arabique du Sinaï que M. Lottin de Laval nous a autorisés si gracieusement à reproduire dans notre *Bibliothèque de voyages et de romans*, est un des plus curieux et des plus dignes d'intérêt qui aient paru dans ces dernières années où l'Orient est devenu l'objet des investigations de l'Occident. Ce n'était pas seulement un voyageur que son goût portait à la recherche des monuments inconnus de l'ancien monde, c'était un savant connu par ses travaux sur les rives de l'Euphrate, dans les cités célèbres de la Babylonie et de la Perse, et qui, chargé d'une mission scientifique du gouvernement, venait, à l'aide de son merveilleux procédé, la lottinoplastie, recueillir ces inscriptions mystérieuses des granites sinaïtiques, objets encore d'incertitude pour la science.

Disons de suite, pour le plaisir de nos lecteurs, ce que c'est que cette invention curieuse à laquelle M. Lottin de Laval a attaché son nom. La *lottinoplastie* est un procédé d'une simplicité extrême et d'une facile application pour reproduire les reliefs de toute sorte, soit de l'écriture, soit de la sculpture, jusqu'aux monuments de l'art aux proportions les plus colossales. L'auteur a décrit son procédé dans une toute petite brochure à laquelle nous renvoyons nos lecteurs (1). Rien de plus utile pour mouler d'une manière parfaite toute sculpture en bas-relief et en creux. Ce manuel est indispensable aux voyageurs archéologues, artistes, qui veulent facilement et à très-peu de frais emporter les empreintes des objets d'art qu'ils rencontrent. Ce fut à l'aide de ce précieux moyen que M. Lottin de Laval recueillit, dans l'espace de

(1) *Manuel complet de Lottinoplastic.* — Paris, Dusacq, libraire, rue Saint-Benoît, 25. Prix : 1 fr.

quelques mois, 684 monuments, soit épigraphiques, soit en relief, dont il donne le catalogue dans son introduction. Tout cela apporté dans une ou deux caisses et pouvant se mouler ensuite en plusieurs exemplaires après avoir longtemps voyagé et bravé l'humidité de la mer.

On comprend que le voyage que nous donnons ne soit qu'un abrégé, aussi complet que possible, du magnifique in-4° imprimé avec luxe par MM. Firmin Didot. Nous nous sommes attachés, comme nous l'avions fait pour le voyage de M. de Saulcy et celui de M. d'Escayrac, a conserver tout ce qui est de la partie descriptive, ce qui a toujours du charme pour les lecteurs, en supprimant la partie scientifique trop abstraite et qui demande des connaissances spéciales.

De la sorte nous servons les intérêts de la science, en faisant connaître l'existence de livres qui vont trop souvent orner les bibliothèques des savants sans jamais se propager dans les masses ; nous popularisons le nom des auteurs et les idées qu'ils veulent faire connaître. De la sorte nous contribuons à leur gloire et nous mettons à la portée de beaucoup de lecteurs, des livres que leur prix élevé, en raison des nombreuses planches, ne rendrait jamais accessibles aux fortunes médiocres. Les auteurs y gagnent ; les masses s'éclairent et la science se propage.

Nous n'avons pas besoin d'expliquer à nos lecteurs certains termes employés par l'auteur que le contexte fera toujours comprendre. Par exemple, une *Ouadi* est une vallée ; *Djebel*, est une montagne ; *Cheick*, est le roi de la tribu, le chef (comme chez nous le maire de village pour de petites aglomérations), *Ras*, promontoire, tête ; *Aïn*, fontaine, puits, (*Aïoun* au pluriel) ; etc. (1), on est bientôt au courant de ces expressions de la langue orientale.

Le profond respect que M. Lottin de Laval professe pour nos livres saints, les sages remarques qu'il a faites sur le système de M. Lepsius, ses déductions intéressantes au sujet du voyage des Israélites dans la Péninsule, rendent ce

(1) Zemzemie, bouteille de cuir remplie d'eau.

livre infiniment précieux et digne de tout l'intérêt de nos lecteurs. Nous renvoyons au grand ouvrage lui-même ceux qui voudraient se procurer ce grand travail qui assure un nom impérissable à son auteur (1).

Sans que nous le disions à nos lecteurs, ils jugeront, comme nous, le genre d'écrire si pur, si distingué de M. Lottin de Laval. Ses descriptions sont très-belles; son style a de la netteté, de l'ampleur et de la grâce. Il rappelle la bonne manière du XVIIe siècle. Nous ne pouvons pas mieux en faire l'éloge.

Quant à la justesse de ses observations comme savant et archéologue, tout est là d'une valeur incontestable.

Paris, 17 mai 1860.

(1) Voyage dans la Péninsule arabique du Sinaï et l'Egypte moderne, histoire, géographie, épigraphie, par Lottin de Laval, ancien chargé de missions scientifiques, etc. 3 volumes, 1 volume in-4° de texte; 1 volume in-4° d'inscriptions décalquées d'après les moulages pris à l'aide la Lottinoplastie; 1 volume in-folio de planches gravées ou lithographiées et contenant une belle carte de la Péninsule arabique. 40 livraisons à 7 fr. L'ouvrage complet, 280 fr. En vente chez M. Gide, éditeur, 5, rue Bonaparte.

VOYAGE

DANS LA PÉNINSULE DU SINAI

I

D'ALEXANDRIE A SUEZ.

Le 13 janvier 1840, je foulai pour la seconde fois le sol antique et sacré des Pharaons, terre mystérieuse, toute pleine de merveilles. Je revis Alexandrie, cette cité florissante, qu'un Macédonien fit un jour surgir du limon du Nil, et qui devait, après vingt siècles écoulés dans une barbarie abrutissante, se ranimer au souffle puissant de la civilisation, sous la main rude et vaillante d'un autre Macédonien.

En voyant cette ville africaine percée de larges rues à angles droits, comme une ville allemande, bordée de palais sans style et badigeonnés de chaux et d'ocre jaune foncé, je ne pus réprimer un profond mouvement de tristesse, et je ne songeai pas sans regret aux belles cités de l'Asie Mineure et de la Haute Asie, que j'avais autrefois visitées. Mais si la physionomie d'Alexandrie a perdu ce pittoresque oriental que cherche le voyageur artiste, elle a tant gagné au point de vue social, que la balance est toute en faveur des larges innovations de Mohammed-Ali.

Cet heureux soldat, tant loué par Clot-Bey, qui a consigné ses gestes dans un hymne en deux volumes, a été plus calomnié encore par des esprits méchants, envieux étroits, ignorant complètement les mœurs et la politique de l'Orient. Forcé de rester dix jours à Alexandrie, j'employai mon temps à l'étudier, et à toute heure je m'inclinais devant les créations du génie. Le canal Mahmoudié, le port, l'arsenal et cet immense commerce qui enrichit un si grand nombre d'Européens, sont ses œuvres ; et toute la presqu'île d'où la peste s'envolait chaque année pour décimer l'Afrique et l'Asie, a été bouleversée, assainie, et rebâtie par le vice-roi, qui en a chassé le fléau dévastateur ; aussi, plus je foulais ce sol, et plus je pouvais me convaincre que Mohammed-Ali avait été cruellement calomnié. C'était un grand homme, se préoccupant sans cesse de l'humanité à son point de vue de despote oriental, il ne faut pas l'oublier, autant que de ses propres intérêts. Loin d'être un monstre, comme l'ont écrit tant d'ardents ennemis, c'était une nature d'élite, dont le passage sur la terre d'Egypte aura fait germer les plus beaux résultats pour le présent et pour l'avenir. Il a préparé les voies de la civilisation, cela est incontestable, et, par sa tolérance, et l'amitié qu'il portait aux Européens en général, il a rendu des services aux sciences et aux arts, en applanissant une foule de difficultés aux voyageurs dans des contrées souvent peu sûres.

Je quittai la belle et curieuse capitale des Khalifes fatimites le 15 février avec trois Bédouins inconnues de la tribu des Szaouâlhât (*Szàouâlià*) de Ouadi Salaff, dans la péninsule du Sinaï, un mauvais domestique égyptien de Mansourâh, et six dromadaires. Dans la circonstance exceptionnelle où je me trouvais, c'était plus que modeste assurément ; mais j'ai pu me convaincre, et bien d'autres avec moi, que les meilleures expéditions ne sont pas toujours les plus nombreuses. Habitué depuis bien des années aux voyages longs et difficiles, à toutes les privations du désert, aux périls de cette vie aventureuse, j'avais simplifié autant que possible mes équipages. Du riz, du biscuit, du beurre, des mechmech (abricots secs de Damas), des cigares, du tabac et du café pour deux mois, une petite pharmacie, de l'eau pour huit ou dix jours, des dattes, quelques ocques de farine, des oignons, et un caffas rempli d'oranges; telles étaient, à peu de choses près, mes provisions; en revanche, j'étais riche en instruments, cartes, armes et munitions de guerre, et bonne volonté pour le progrès de la science.

Je vins camper le soir du second jour au milieu du désert, à 1 kilomètre ou 2 de la route, en face d'un Samr (Mimosa) qui dresse sa tête sombre et isolée dans cette vaste solitude. Quand les dernières lueurs crépusculaires eurent disparu du ciel, une illumination soudaine vint éclairer toute la crête de la montagne qui court au nord parallèlement à la route de Suez : étonné, j'en demandai l'explication à mon cheik bédouin, car je n'ignorais pas que j'étais a 60 ou 70 kilomètres de toute ville ou village.

Autrefois, me dit le Szaouâlhât, nous autres, Arabes du désert, nous connaissions ce lieu sous le nom de DAR-HEL-HAMRA ; aujourd'hui les

Turcs de Missr (le Caire) l'appellent DAR-EL-BEYDHA, parce qu'*Abbas* y fait construire un palais magnifique ; mais ils auront beau faire, ce sera toujours DAR-EL-HAMRA.

L'Arabe prononça ces paroles avec une amertume profonde, dont j'eus plus tard le secret. Le vice-roi d'Egypte, étant venu camper là au moment du choléra, trouva la position si *belle*, l'air si pur, qu'il ordonna immédiatement au chef des architectes, de lui construire un palais. On lui objecta doucement, *sotto voce*, qu'il n'y avait là ni eau, ni bois, ni pierres, ni chaux, — du sable partout, rien que du sable et l'immensité du désert ! Abbas-Pacha jeta un regard courroucé sur le malheureux architecte, en lui citant ce proverbe turc si concis.

Rien sans peine.

Il fallut obéir. Tous les corps de métier du Caire furent aussitôt mis en réquisition ; les chameliers qui arrivaient de la Syrie, de l'Arabie ou du Sinaï était enlevés par les Kawas du vice-roi dès qu'ils se présentaient aux portes de la ville ; puis c'étaient des cris de fureur ou des lamentations poignantes, qui ne servaient qu'à aggraver la position des malheureux propriétaires, et sur l'heure même, sans savoir si les chameaux n'étaient pas exténués d'un long voyage, on les chargeait outre mesure de pierres, de chaux ou d'eau, à raison de cinq piastres turques par jour, qu'on ne payait pas fort régulièrement. Aussi quel ossuaire que cette route du Caire à DAR-EL-HAMRA! et cela pour bâtir un palais magique dans les profondeurs du désert! La tristesse de mon bédouin me fut vite expliquée : il avait perdu deux chameaux en faisant sa corvée.

Le chemin du Caire à Suez est devenu, grâce au grand Mohammed-Ali, une véritable route dont quelques fractions sont macadamisées comme en Europe, en outre, on a bâti de distance en distance (chaque 8 kilomètres) des maisons de poste, en face desquelles se trouve toujours un télégraphe destiné à signaler l'arrivée à Suez des steamers de l'Inde. Rien de plus primitif que ces télégraphes; quelques planches sont piquées dans le sable en forme de cercles, on les entoure de toiles de coton que l'on peint en blanc et en noir; puis le tout est surmonté des signaux inventés par Chappe, et l'ingénieuse machine fonctionne sous l'impulsion d'un Barabras ou d'un esclave Abyssin. A la huitième station et à la douzième se trouvent des bâtiments plus vastes, surmontés d'un étage ; c'est là que les hôtes des steamers trouvent à leur passage du bœuf de la vieille Angleterre, du Xérès, de l'ale, et toutes les autres douceurs dont les Anglais sont si friands ; il leur faut, même dans les profondeurs du désert, leur *confort* de Londres; aussi la vie et la locomotion sont-elles d'un prix fabuleux entre Suez et le Caire. Des charriots de la forme la plus disgracieuse, barbouillés de jaune et contenant quatre personnes, traversent les 130 kilomètres de la triste plaine de sable en neuf ou dix heures. Le tarif de la carriole est de 1,000 francs, plus 3 livres sterling (75 francs) pour faire ti fine (lunch) aux stations. Si vous êtes quatre, tant mieux pour vous ; mais, si vous êtes forcé de partir seul, vous devez payer la voiture entière, 1075 francs, pour un trajet de dix heures !

La dépense des Européens a décuplé en Egypte depuis les dernières guerres de Syrie; tous s'en plaignent sans en deviner la cause. Dix années encore, et à moins d'être anglais, nul européen n'y pourra vivre, s'il ne se soumet au régime frugal de l'Arabe. Les Anglais sèment l'or à pleines mains d'Alexandrie à Suez et d'El-Arich à Thèbes, sans forfanterie aucune, méthodiquement, comme si c'était *par ordre*. A d'autres époques, lors de leurs terribles rivalités dans l'Inde avec la France, le même système fut pratiqué, système qui se renouvela encore en Arabie et en Perse sous Feth-Ali-Schah, et qui ne tarda point à ruiner l'influence passagère du général Gardanne.

Le gouvernement anglais, quoi qu'en disent de nombreux écrivains, est un grand gouvernement : pour lui, point de demi-mesures, parce qu'en politique elles sont toujours fatales. Préoccupé seulement du but, il marche en se servant des moyens les plus sûrs : admirablement renseigné toujours par des agents habiles, somptueusement rétribués, il sent que l'Afrique et l'Asie n'ont que des races avides, dégradées, et seulement accessibles à l'or; il descend à leur niveau, les gorge, sachant bien que ses nationaux, doués du plus ardent patriotisme, le seconderont de leurs voix, de leurs bras, de leurs deniers. Puis un jour, cet *esprit de suite*, cet esprit si éminemment pratique, recueille au centuple ce qu'il a semé avec tant de prodigalité apparente, tandis que nous autres français, si chevaleresques, si philantropes et si vantards, ne recueillons le plus souvent que déboires, en creusant de plus en plus le gouffre de notre déficit, et en sacrifiant le sang de nos soldats.

Avec notre philantropie poussée jusqu'aux dernières limites de la niaiserie, nous avons perdu successivement toutes nos colonies. Les criailleries de la mauvaise presse européenne et des philantropes (on dit que c'est un métier lucratif), qui mesurent tout à leur taille, ont chez nous une influence fatale, qui paralyse l'action du pouvoir, et fait qu'on ménage des races barbares et parjures, au détriment de la vie de nos frères et de nos fils. — Est-ce de la philantropie cela? Nous manquons d'espace et d'air dans notre Europe; notre industrie gigantesque va chômer quelques jours et se mettre en quête de matières premières et de débouchés. Est-ce donc un crime que de vouloir arracher la barbarie du globe, et rendre à la culture de vastes contrées infertiles faute de bras ou de sécurité, abandonnées aux bêtes fauves ou foulées par des troupeaux sauvages? Eh bien! ce que nous ne voulons pas faire, la Russie, l'Autriche et l'Angleterre le font sans bruit, et nous distancent.

L'Angleterre, entravée triplement par l'Europe, par l'énergique volonté de Mohammed-Ali et par la paix, a cherché un biais pour réaliser sa pensée éternelle de domination en Egypte; en attendant l'heure opportune, elle sème et prend racine dans le cœur des vieilles races de la vallée du Nil et de la mer Rouge. Peu à peu la haine à la chose établie se fait jour, en attendant qu'elle éclate dans toute sa force. Du phare des Ptolémées jusqu'au Cordofan, et sur tout le littoral arabique, on peut interroger les indigènes : tous vanteront la *munificence anglaise*; et, pour quiconque connaît ces races, la solution est facile à prévoir. Qu'un nouvel ébranlement social subvienne, et les grandes phrases menaçantes de nos humanitaires n'empêcheront nullement l'Angleterre de se jeter sur cette belle proie tant convoitée. Pour la France, ce sera un malheur immense, une irréparable perte, mais du moins tout ne sera pas perdu pour l'humanité; car il faut bien le reconnaître, et en adversaire loyal je le proclame, là où l'Angleterre pose le pied, à défaut de liberté, la civilisation y croît.

En attendant la possession de droit, elle l'a de fait, en partie : car les voyageurs des autres nations ne peuvent guère se permettre la locomotion du transit à travers le désert ; il faut se contenter du chameau, qui est bien certainement la monture la plus atroce qu'on puisse se permettre pour un long voyage.

Il ne serait peut être pas impossible à la France de remédier à cette espèce de déchéance. Comme elle paie trop peu ses agents à l'extérieur, il s'ensuit qu'elle n'est pas toujours servie par des hommes à la hauteur de leur mission. D'un autre côté, le gouvernement interdit le commerce à ses agents consulaires, ce qui est fort noble assurément ; mais cela est loin de contribuer à agrandir la prospérité matérielle du pays. Or, aujourd'hui, de quoi se préoccupe-t-on ? Est-ce que les intérêts matériels ne tiennent pas le premier rang ? Parle-t-on d'autre chose dans les hautes régions de l'administration et de la politique en Europe ?

Sur bien des points du globe, en face des faits, il nous a semblé que, tant que le corps consulaire aurait sa vieille organisation, l'industrie française serait devancée. Si je me trompe, tant mieux pour le pays : mais ma conviction est si forte, le danger m'a paru si grand pour l'avenir, que je le signale. L'agent à peine arrivé à son poste, souvent insoucieux de son installation, demande un congé; s'il l'obtient (et il l'obtient presque toujours), on le voit arriver à Paris solliciter son changement, prétextant un climat meurtrier, sa santé délabrée, ou d'autres causes; il n'a nul goût à la chose; les affaires se font mal ou ne se font pas, et sa seule préoccupation est d'arriver à un meilleur poste.

En agissant ainsi, les affaires sont presque toujours traitées par des subalternes. Les agents n'ont pas le temps d'étudier le caractère et les besoins des races au milieu desquelles ils doivent vivre; et bien souvent, après un long séjour dans diverses parties de l'Asie, ils ne savent pas même un mot des langues orientales; beaucoup les dédaignent.

Croit-on une telle organisation bien favorable à la France? Qu'on interdise le commerce aux consuls généraux, rien de mieux, cela se conçoit; leur position, en Asie, et surtout sur le littoral africain de la Méditerranée, est complètement politique, et l'on ne peut trop l'entourer de prestige : mais ce qui est au-dessous d'eux, ce qui dépend de leur juridiction consulaire, doit-il être condamné à une vie presque stérile?

En Orient, l'exportation de la France en est à

son A, B, C, ou plutôt elle n'existe point. Pourquoi ne prendrait-on pas une puissante initiative? Les consuls anglais, sardes, autrichiens, et russes agrandissent vigoureusement le commerce de leur pays; et pour cela, au point de vue politique, leurs gouvernements n'en sont pas moins bien servis; je crois même qu'il le sont mieux, et je vais le prouver.

L'agent consulaire, devenu négociant ou entrepositaire, prend racine sur le sol où il vit; par nécessité, la langue du pays lui devient familière; il s'assimile aux mœurs indigènes, et, par la nature et l'étendue de ses relations, aucun événement de la contrée ne lui reste étranger, ce qui le met à même de mieux renseigner son gouvernement.

Une telle organisation qu'on peut discuter et modifier aurait ensuite une influence puissante sur l'esprit routinier de nos fabricants. Qu'on aille au fond des choses, sans passion aucune, sans esprit de dénigrement, et l'on verra que tous les chefs de notre vaste industrie n'ont qu'un but unique, Paris, le goût de Paris, plaire à Paris. Le reste, on le méprise ou l'on ne s'en soucie guère. Eh bien ! je dirai à nos fabricants, d'ailleurs très-habiles, d'un goût très-supérieur, que c'est là un grand tort dont ils souffrent, et dont leurs petits-fils souffriront plus encore, si le gouvernement n'intervient, et n'apporte à ce fâcheux état de choses un remède énergique. L'industrie française devrait se préoccuper davantage du goût des Turks, nation essentiellement consommatrice, loyale, et meilleure qu'on ne le croit chez nous ; puis du goût et des besoins des Arméniens, des Kurdes et des Persans, des Mozarabes, des Afghans, et de tant d'autres races antiques dont l'argent est à fort bon titre, ce qui ne nuit jamais auprès de MM. les négociants.

La France est dans une magnifique position commerciale relativement à l'Asie ; il existe de vieilles capitulations toujours fort respectées des Ottomans, qui sont une grande et loyale nation, et, comme me l'ont dit cent fois des Turks de distinction, d'un bout à l'autre de ce vaste empire, une nation qui, à son avènement dans la politique Européenne, eut pour première alliée la France, ce qu'elle n'a pas oublié.

D'un autre côté, on doit aussi songer qu'elle est gouvernée par un jeune Empereur qui fait les plus généreux efforts pour introduire et propager la civilisation dans ses états, et qu'il est admirablement secondé dans son œuvre, par Rechid-Pacha qui, lui aussi, ne reste pas en arrière quand il s'agit de faire preuve de bon vouloir et d'amitié envers la France.

Je n'insisterai pas davantage sur ces considérations, fort longues à développer, et qui doivent trouver leur place ailleurs que dans un ouvrage scientifique, il importait d'indiquer le mal ; je l'ai fait, dans l'espérance que cela pourrait quelque jour être utile à mon pays.

Maintenant bornons-nous à poursuivre notre route à travers le désert aride et monotone de Suez.

A la douzième station, un peu avant le lever du soleil, le vent de la mer m'apporta un chant d'Europe, un beau motif du *Mosé* de Rossini, c'était, on en conviendra, un à-propos merveilleux. Je piquai mon chameau, heureux que j'étais d'entendre dans cette affreuse solitude une langue harmonieuse et un chant connu. Quelques minutes après je trouvais un confrère plus joyeux que moi, un philologue célèbre, l'abbé Sapéto, que le roi de Sardaigne envoyait en mission en Abyssinie, où il avait déjà fait un long séjour. Trois heures après cette rencontre, nous entrions à Suez, et là nous trouvions un ami des jeunes années, M. Batissier, vice-consul de France, qui nous attendait pour nous offrir la plus cordiale hospitalité.

J'allai visiter le port de Suez, où se trouvaient une cinquantaine de Bangalots de Djedda, de Massaoua et de quelques autres ports de la mer Rouge ; ils ressemblaient de tout point aux *bangalots* de Mascate, sur lesquels j'avais autrefois navigué sur le golfe Persique, n'étaient ni meilleurs ni plus sûrs, et leurs makodars ne me paraissaient guère plus habiles navigateurs. L'abbé Sapéto en nolisa un, complètement neuf, son voyage fut-il heureux? Je l'ignore, n'ayant plus ouï parler de lui. Peut-être a-t-il eu le sort de tant d'autres de mes compagnons d'un jour, comme moi, soldats de la science, morts à la peine, loin de leur patrie (1)!

Voici ce que j'ai trouvé de plus exact sur l'identification de Suez dans l'antiquité.

Suez doit occuper le voisinage immédiat ou l'emplacement de Baal-Triphon, qui fut plus tard le nom de Clysma. Entre autres preuves, nous dirons que les villes asiatiques ou afri-

(1) Don Jiuseppe Sapeto est mort de la dissenterie et de fatigues à Kartoum.

caines modernes, se sont toujours élevées près des villes antiques, ou sur leurs débris.

Clysma nommé par Hiéroclès, la forteresse de Clysma, a été remplacée par Kolzoum, et Kolzoum par Suez, située à l'extrémité de la mer Rouge. Le petit port ne s'allonge pas à cent toises au-delà du mur d'enceinte dans la direction du nord, et les lagunes commencent aussitôt, pour aller finir vers les ruines du canal Egypto-Perse, destiné dans l'antiquité à joindre le golfe Héroopolite avec les lacs *Amers*.

Dans l'antiquité, Suez, ou plutôt la ville disparue remplacée par Suez, en raison de son importance commerciale, dut souvent attirer l'attention des rois ou des conquérants qui se sont tour à tour disputé la riche Egypte ; et comme elle a toujours été bâtie de boue, de bois et de mauvaise pierre, avec la manie bien connue des anciens pour les substitutions de noms à chaque conquête, à chaque réédification, il n'est pas étonnant qu'elle eut dû souvent subir le caprice des vainqueurs.

Dans nos livres sacrés, le golfe arabique est nommé Yam Souph *(mer d'algues)* ; et porte le même nom dans l'ancienne version syriaque et dans le Targum paraphrase chaldaïque. Plus tard il fut appelé YAM EDOM, mer d'Idumée, quelquefois mer Erytrée et par les arabes, Bahar-el-Kolzoum (la mer de Kolzoum).

II

ITINÉRAIRE DE MOÏSE. — MARCHE DES ISRAÉLITES A TRAVERS L'ISTHME ET PASSAGE DE LA MER ROUGE.

Le point de départ de Moïse fut Ramessès, au-dessous de Belbéïs dans el-Charqyeh. Je rejette nettement Memphis, parce qu'il n'est pas mentionné dans l'Exode, et qu'il y a défaut de concordance entre le texte si précis de Moïse et la position bien connue de Memphis par rapport à Ramessès. Le roi d'Egypte résidait alors à Tanis, la Tsohan des Hébreux, la San des Arabes, la Tanis des Grecs, capitale d'une dynastie pharaonique, située non loin de là dans le nord. C'est à Tanis qu'eurent lieu tous les prodiges accomplis par Moïse devant le Pharaon, d'après l'ordre de Dieu ; c'est à Tanis, sur la branche la plus orientale du Nil, que, selon toutes probabilités, Moïse fut exposé par sa mère Jocabel, et qu'il fut tiré des flots par les ordres de Thermutis, fille de Pharaon. Quelques savants ont objecté à ce sujet que la fille bien-aimée du puissant roi de l'Egypte n'aurait pu s'abandonner aux flots du Nil à Memphis, à cause des *crocodiles* qui descendaient et *qui descendent encore jusqu'à cette latitude;* nous n'oserions invoquer cette raison, car il n'y a pas d'exemples, de mémoire d'homme, que ce féroce amphibie ait été vu plus bas que Manfalout, ou à peu près; la raison la plus forte, c'est que Tanis était alors la capitale de l'Egypte.

Plusieurs fois dans les livres saints il en est question; ainsi, pour faire comprendre aux enfants d'Israël la haute antiquité d'Hébron au pays de Chanaan, il est écrit que cette ville avait été bâtie sept ans avant Tanis, cité d'Egypte.

Quand Moïse opéra ses prodiges devant le Pharaon, les magiciens d'Egypte ayant envoyé chercher de l'eau *dans la terre de Gessen, où elle n'avait pas été changée en sang, firent la même chose avec leurs enchantements.* Si la capitale eut été Memphis, comment croire qu'on eut été si loin chercher de l'eau pour faire une expérience instantanée? Donc c'était Tanis et non Memphis.

Le Roi-Prophète, qui vivait six siècles après

Moïse, alors que la tradition n'était pas encore affaiblie, quand sans doute d'autres documents existaient, s'écrie dans un de ses plus beaux chants :

Coram patribus eorum fecit mirabilia in terra Ægypti, in campo Taneos (David, Ps. LXXVII, v. 12).

Sicut posuit in Egypto signa sua, et prodigia sua in campo Taneos (David, Ps. LXXVII, v. 43).

Et ailleurs le fils inspiré de Busy, un des plus grands hommes de la race sacerdotale :

«..... J'enverrai le feu dans Tanis......

» Et le jour s'obscurcira en Tanis, quand » j'aurai froissé les sceptres d'Egypte et que » l'orgueil de sa puissance sera brisé » (*Ezéchiel, Pharaon*, cap. XXX, v. 14 et 18).

» Les princes de Tanis sont frappés de folie.

» Les sages conseillers de Pharaon ont donné » des conseils insensés » (*Isaïe*, cap. XIX, v. 11).

» Et la force de Pharaon vous sera en confu- » sion... car tes princes étaient en Tanis » (*Isaïe*, cap. XXX, v. 3 et 4 ; et *Jérémie*, cap. II, v. 16 ; cap. XLIII, v. 7, 8 et 9).

A l'appui de ces preuves et de mon opinion, je citerai plusieurs membres de la commission d'Egypte, ainsi que M. Quatremère et le très-savant géographe allemand, Karl Ritter. Selon ce dernier écrivain, *la tradition prétend que c'est sur le bras de Tanis que Moïse enfant fut exposé aux flots*. Ce lieu est fameux dans l'antiquité par sa grandeur, par les monuments des rois, et par les prodiges que Moïse fit en présence du Pharaon. Les prophètes avaient prédit sa ruine. On y voit encore sept obélisques renversés, des monolithes brisés, un espèce de forum, des fragments d'inscriptions.

De Ramessès et de la contrée de Ramessès, Moïse conduisit les Israélites à Sukkoth (les tentes). Cette station devait être vers le sud-est, et assez loin dans le désert, si l'on songe aux mystérieux projets et aux craintes sérieuses qu'avaient les Israélites. M. de Laborde, et tous les savants qu'il a suivis ou qui l'ont imité, n'ont pas assez fait attention que les Israélites partaient d'el-Charqyeh, vers Ouadi-Tomylât, et même plus bas, vers Tell-Fakous (la Phacusa des anciens) ; il y a là une route antique, venant longer le Djebel-Ahmed-Taher et aboutir à Suez, en laissant le canal et les lagunes à gauche. En cherchant le monument perse pendant tout un jour, j'ai suivi et traversé plusieurs fois cette route qui paraît encore très-fréquentée ; c'est une ouadi profonde, large et plane, ayant l'aspect d'une grande route ; elle devait avoir un puissant avantage aux yeux de Moïse, en ce qu'elle était plus directe et plus courte que les autres ; elle les rapprochait de la péninsule du Sinaï, et, selon toute probabilité, c'est par là que Moïse, après avoir tué l'Egyptien, s'était enfui en Madian. Nous verrons bientôt un nouvel avantage qu'avait cette route, et celui-là, nous n'en doutons pas, éclaircira un des points les plus obscurs et les plus embarrassants de cette marche. De Sukkoth, les Israélites vinrent à Etham qui est la fin du désert. *Profectique de Socoth, castrametati sunt in Etham, in extremis finibus solitudinis* (Exod.) Et le Seigneur marchait devant eux pour leur montrer le chemin, paraissant durant le jour en une colonne de nuée, et pendant la nuit en une colonne de feu, pour leur servir de guide le jour et la nuit.

Dominus autem præcedebat eos ad ostendendam viam, per diem in columna nubis, et per noctem in columna ignis, ut dux esset itineris utroque tempore (Exod., cap. VIII, X, 21).

Etham, selon nous, était située au-delà des lagunes de Suez, dans cette plaine de sable que traversa plus tard le canal Héroopolite, à peu de distance au nord-ouest du lieu où se trouve le monument persépolitain : c'était la route directe du mont Sinaï; et cela est si vrai, que j'y ai rencontré une petite caravane guidée par deux moines grecs qui revenaient de la basse Egypte avec un chargement de grains pour le couvent; on va voir l'importance de ce fait si minime en apparence.

Moïse, dont l'intérêt était de se soustraire au plus vite aux atteintes du Pharaon, quittait le plus rapidement possible le territoire Egyptien pour gagner l'Arabie-Pétrée, qu'il connaissait. Là, en effet, il se trouvait sur l'extrême frontière; c'était la fin du désert d'Etham en venant du Sinaï, où le commencement par la route qu'ils suivaient. Il n'y a pas de désaccord géographique; voilà le second campement, bien précis, bien distinct, concordant parfaitement avec la Bible et les distances.

Qu'on jette les yeux sur la grande et belle carte du colonel Lapie, la plus récemment dressée, d'après les itinéraires des généraux Guilleminot, Tromelin et Fernig, des voyageurs consciencieux comme Pacho, Coste, Burckhardt, Irwin, Gaultier, Rüppel, revue, pour les noms antiques, par le vénérable et savant

M. Hase, et l'on verra combien cette route est directe.

Le Seigneur parla encore à Moïse en ces termes :

« Dites aux enfants d'Israel *qu'au lieu d'aller au mont Sinaï par le chemin ordinaire qui va à l'Orient, ils retournent du côté de l'Occident*, et qu'ils campent devant Pihaḥiroth, qui est entre Magdal et la mer, vis-à-vis de Baal-Tséphon : vous camperez vis-à-vis de ce lieu sur le bord de la mer » (Exod., cap. XIV, trad. de l'abbé de Vence, t. II p. 531).

Cette expression embarrassante, qu'ils *retournent*, qu'ils reviennent, trouve une explication toute naturelle dans la position du campement d'Etham à partir de la contrée de Ramessès. Les Israélites avaient constamment marché à l'Orient en inclinant vers le Sud ; ils avaient suivi la route directe du Sinaï, ils étaient parvenus sur la limite de l'Egypte et de l'Arabie, mais comme les desseins de Dieu sont impénétrables, il leur ordonna de *revenir*, c'est à-dire de faire une contre-marche, de *retourner* vers l'Egypte à l'Occident ; et c'est alors que la colonne se dirige vers Pihahiroth, entre Baal-Tséphon et Magdal, lieux qui se trouvaient en effet à l'occident, au couchant d'Etham et sur les terres du Pharaon. C'est ainsi que doit être entendue cette expression : *qu'ils reviennent*. Le P. de Carrières et dom Calmet avaient bien soupçonné qu'Etham était à la pointe septentrionale de la mer Rouge ; ils se rapprochaient un peu de la vérité : mais le voyage du P. Sicard avait tant d'autorité alors, qu'il détruisait même les meilleurs arguments.

De la fin du désert d'Etham, aboutissant, ainsi que nous l'avons établi, vers les lagunes du golfe Héroopolite, si l'on tire une ligne dans la direction des derniers contre-forts des monts Attaka, cette ligne passe sur Calaat-el-Adjéroud, c'est-à-dire au couchant de la station d'Etham. La concordance avec le texte de l'Exode est donc bien réelle. Nous avons d'autres preuves. Cosmas, déjà cité, dit dans son livre que : Clysma (Suez), est le lieu où les hébreux passèrent la mer. C'est là où l'on voit encore aujourd'hui les vestiges des roues et des chariots, qui s'étendent bien loin jusqu'à la mer ; *ce lieu est situé à la droite, en allant au mont Sinaï*.

Dom Calmet, qui cite aussi ce précieux passage de l'*Indicopleustes*, ajoute naïvement : *Voilà qui est assez positif; mais il ne remarque pas si c'est en-deçà ou en-delà de la mer Rouge.*

Il est bien évident, d'après l'Exode, que le Pharaon ne gagna pas avec ses chars de guerre la rive arabique; tout fut englouti dans les flots, et très probablement tous les équipages de guerre n'entrèrent pas dans le golfe. Dans leur précipitation à poursuivre les Israélites, on peut présumer que bon nombre d'Egyptiens s'élancèrent légèrement armés, laissant sur la plage africaine leurs bagages les plus embarrassants. Mais à quelque conjecture que l'on s'arrête, l'indication de Cosmas a la même valeur, et pour nous c'est la lumière. *Cet endroit est situé à la droite, en allant au mont Sinaï,* dit-il : en effet, qu'on jette les yeux sur la carte, et l'on pourra facilement s'en convaincre. Etham étant au-delà des lagunes de Suez, un peu en-deça de la position assignée au monument Perse, derrière la route moderne suivie par la caravane de la Mecque allant d'Adjéroud à Akabah, Clysma (Suez) *est bien à la droite* en allant au Sinaï. La rive orientale, comme la rive occidentale, *sont de même à la droite :* le vieux Cosmas ne s'est pas trompé, et Moïse, à partir de Ramessès avait suivi la route directe jusqu'à Etham, où Dieu lui ordonna de *revenir* sur les terres du Pharaon (à Pihahiroth), afin que les destinées du grand persécuteur s'accomplissent. C'est ainsi que j'ai compris l'expression *qu'ils reviennent.* Sérieusement, toutes les autres explications sont inadmissibles, et pour quiconque connaît bien les lieux, en-dehors de celle-là, toutes sont en désaccord avec l'Exode ; nous avons cité assez de preuves, des témoignages assez positifs, et nous ne croyons pas qu'on puisse maintenant émettre le plus léger doute.

Moïse vint camper en avant de Pihahiroth, non loin de Bir-el-Soueïs, que je suppose être Magdalum. Quant à Pihahiroth, c'est à coup-sûr Calat-Al-Adjéroud, nommé aussi Adjeroth et, par certains Bédouins de la presqu'île, Agrouth. Les Septante ont lu *a facie Hahiroth;* il y a lieu de soupçonner, suivant un commentateur, que, dans l'Hébreu, au lieu de *a facie Hahiroth*, originairement on aura lu : *a facie Pihahiroth*, on lit dans le samaritain : *a Pihahiroth*, ce qui prouve que les copistes ont confondu *fi*, *phi* avec *fni*, *facie ;* ils ont conservé l'un dans le Samaritain et l'autre dans l'Hébreu. Ainsi, en remontant bien haut, on trouve Hahiroth. Aujourd'hui certaines tribus nomment encore Adjéroud, *Hadjéroth ;* si l'on suppose la permutation du *j* en *i*, chose si fréquente dans les langues orientales, vous trouvez, après une période de près de quarante siècles, le même nom Had-Iroth. Il y a là un beau puits et un château ; c'est une des grandes stations de la caravane de la Mecque.

Nous avons dit que nous soupçonnions que le lieu nommé Magdalum était Bir-el-Soueïs (le puits de Suez). L'Exode, dans son grand style, n'omet rien, tout en peignant avec de larges touches. Moïse parle de Magdalum et de Pihahiroth, comme si ce fussent des lieux connus, fréquentés ; cela ne nous paraît pas douteux. Là, tout d'abord, les Israélites firent trêve à leurs plaintes incessantes, ce qui me fait penser qu'ils y trouvèrent de l'eau : or, dans ce désert, à partir de la région du Nil et des mauvais puits de Saba-h-Byâr, on n'en trouve qu'à Adjéroud et au Bir-el-Soueïs, presque en face de cette petite forteresse, à quelques kilomètres plus haut ; et, d'après la marche des Hébreux qui remontaient à l'ouest, ces puits coïncideraient merveilleusement avec l'emplacement biblique de Magdalum.

Voilà l'itinéraire de Moïse depuis Ramessès

jusqu'à Magdalum, c'est-à-dire près de la mer Rouge, discuté, établi, démontré, *retrouvé*, je crois, à l'aide de recherches nombreuses et de preuves, j'oserai le dire, incontestables. Quant au miracle du passage de la mer Rouge par le peuple d'Israël, fait merveilleux, mis au rang des fables par tant d'esprits incrédules et ignorants, nous essaierons de le démontrer : la main de Dieu est là comme dans toutes les choses de notre globe ; mais n'y serait-elle pas, que ce grand fait s'expliquerait de lui-même, pour ainsi dire. Les bédouins de la péninsule Sinaïtique, pour gagner quelques heures et pour éviter les lagunes du fond du golfe, fort dangereuses pour leurs dromadaires, ont l'habitude de traverser le bras de mer à certaines heures, quand les eaux atteignent des proportions qu'ils connaissent, et l'eau ne dépasse jamais les épaules de leurs chameaux, qui, comme on le sait, sont tous de petite taille. Je les ai vus passer plusieurs fois, et j'y aurais passé moi-même en revenant de l'Arabie Pétrée, si je n'eusse voulu contourner les lagunes pour chercher le monument perse signalé par M. de Rozières dans la *Description de l'Egypte*. Plusieurs savants s'étayant sans doute sur le texte de Flavius Josèphe plutôt que sur l'Exode, ont objecté que le passage dût s'effectuer au sud-ouest de Suez, dans la direction de la courbe des monts Attaka ; mais ces savants ont procédé par induction, et n'avaient que de mauvaises cartes. A la hauteur de Ras-Attaka, et même en-deçà dans la direction de Suez, la mer est déjà très-profonde ; c'est l'ancrage des grands steamers de l'Inde, et nous ne pouvons admettre que les Egyptiens aient placé Baal-Tséphon si loin du puits de Pihahiroth, de Magdalum et du Bir-Mabouk de la rive asiatique. D'un autre côté, les Pharaons n'avaient nul intérêt à se créer des obstacles dans une contrée stérile et désolée où ils pullulent. En fondant cette ville ou plutôt ce comptoir, MISCHKNOT, *tabernaculum*, cet entrepôt de Pithôm ou Baal-Tséphon, destiné à faire le négoce avec des cités riches et mystérieuses, ils avaient dû choisir de préférence le petit cap occupé de nos jours par Suez, en ce qu'il était le seul propice à cause de la profondeur des eaux, condition essentielle qui ne se trouve point au-delà ; puis il était plus près de la vallée du Nil et de Tanis, alors capitale de l'Egypte, que le Ras-Attaka, située au-delà d'une baie assez étendue.

M. de Laborde a publié une carte du golfe

de Suez, représentant tous les systèmes des géographes qui ont écrit sur ce grand fait biblique : cette carte est ingénieuse et précieuse par ses indications ; elle contient aussi le tracé du système de ce voyageur, conduisant les Israélites de Suez en ligne droite, à travers la mer, jusque vers l'Aium-Mouza.

Il est certain que les Hébreux entrèrent dans le golfe à peu de distance de Suez ; mais je ne puis admettre, avec M. de Laborde, que Moïse ait eu l'imprudence de leur faire suivre une route aussi périlleuse dans le lit de la mer, sur une longueur d'environ dix kilomètres. M. de Laborde a figuré sur sa carte itinéraire, des bancs de sable que je connais fort bien, que j'ai soigneusement étudiés dans le golfe héroopolite, et certes ils n'occupent pas, à beaucoup près, un aussi grand espace. M. de Laborde raconte à l'appui de son système, une aventure qui lui est personnelle, et que nous devons reproduire.

« Une demi-heure avant le coucher du soleil, dit-il, je sortis de la ville (Suez), et j'allai sur la côte pour me baigner dans la mer ; mais la marée était basse, et la plage s'étendait très-loin sans qu'on put avoir plus de deux pieds d'eau. Je marchais toujours plus avant, malgré la douleur que me causait l'inégalité du fond et les aspérités des madrépores qui s'y sont attachés. Quelques Arabes venaient à travers la mer à ma rencontre, dans la direction des sources de Moïse ; ils me firent des signes accompagnés de cris pour m'avertir que la marée montait, qu'il était trop tard. Ces hommes étaient des pêcheurs qui rapportaient, dans des paniers placés sur leur tête, des crabes qu'ils avaient pris le matin sur la rive opposée, ils croyaient qu'à cette heure je voulais aussi essayer le passage, et ils m'avertissaient du danger que je courais, je les tranquillisai en n'avançant pas davantage, et après m'être baigné je rentrai dans la ville. »

Nous avons un exemple plus explicite encore : Fürer von Heïmendorf, affirme *qu'il partit comme les pêcheurs rencontrés par M. de Laborde, et qu'il vint d'El-Aïoum à Suez n'ayant eu de l'eau que jusqu'aux aisselles*. M. de Laborde cite aussi ce voyageur pour corroborer son récit. Mais je n'accorde aucune valeur au fait invoqué par le voyageur moderne. Les pêcheurs de crabes lui dirent qu'il venaient d'Aium-Mousa (les fontaines de Moïse), et il les crut sur parole. Eh bien ! nous ne sommes pas si crédules. Quand j'ai dit que le fait énoncé par M. de Laborde était sans gravité, n'avait aucune valeur, je m'explique : ce voyageur parlait d'après le dire de quelques pêcheurs, dont il ne comprenait peut-être pas très-bien le jargon barbare ; on peut-être très-savant, et ignorer l'idiome des pêcheurs de crabes du golfe de Suez, ce n'est pas un crime de lèse-science. Si M. de Laborde eût pris l'affirmative, comme Fürer, le cas serait différent ; car un homme d'honneur qui dit : j'ai fait telle chose, je suis allé de Suez à travers la mer jusqu'à l'Aium-Mouza, en marchant toujours, cet homme là serait bien fort, et son témoignage devrait avoir une autorité bien grande. Mais M. de Laborde n'émet rien de semblable ; il n'a d'autre autorité pour faire foi, que les paroles des pêcheurs de crabes, et il voudra bien nous permettre de la rejeter.

Nous croyons très-bien connaître le golfe Hé-roopolite, aux abords de Suez, et nous pouvons affirmer que M. de Laborde n'alla pas en mer dans la *direction d'El-Aium* à plus de trois kilomètres ; c'est déjà une longue distance : nous ajouterons même qu'il dut incliner au sud-ouest, le chenal dans la direction d'El-Aium étant très-profond, même à l'heure de la plus basse marée; au-delà le gué (puisqu'on l'appelle ainsi dans quelques livres), devient bien profond, comme l'on peut s'en convaincre en vérifiant les sondages de la commission d'Egypte. Un peu plus haut, dans le sud-ouest, il y a un récif de madrépores qui se prolonge vers l'est, et c'est là que se pêchent les crabes et d'autres coquillages, destinés à la consommation de Suez. Voilà ce que j'ai vu, voilà ce que j'affirme. Quand à l'assertion de Fürer-Von-Heïmendorf, je renonce à la discuter parce qu'elle est impossible; il était sans doute un excellent et intrépide nageur, et il aura profité de ce talent pour arriver à Suez. Je citerai un fait dont j'ai été témoin : En arrivant à Suez, j'étais mécontent de mon domestique Egyptien, et je dus songer à le remplacer : un Maltais cumulant les professions de tavernier, de marin et de pêcheur vint s'offrir : le marché était conclu à certaines conditions : tout à coup une rumeur s'élève sur le port; on vient réclamer mon homme, dont le courage et l'habilité était bien connu; il saute immédiatement dans sa barque, faisant force d'avirons dans la direction de l'Aium-Mouza, parce qu'un Européen, disait-on, séduit sans doute par le récit de Fürer, et ne sachant pas bien nager, venait de périr dans la *marée basse* en voulant tenter le passage. On sauva les deux arabes qui l'accompagnaient ; mais le lendemain, quand je quittai Suez, le corps du malheureux imprudent n'était pas encore retrouvé. Maintenant la conclusion est facile : le passage est impossible dans cette direction.

Les Bédouins, lorsqu'ils veulent traverser le golfe héroopolite, remontent au nord-est l'espace d'un kilomètre et demi en suivant le rivage ; quand ils arrivent à plusieurs monticules où se trouvent des débris de poteries, ils escaladent leurs dromadaires, et entrent résolûment dans la mer, — ce lieu est nommé par les Arabes *El-Ma'dyeh ;* c'est le *passage.* — On pourrait croire que le golfe est partout guéable en se dirigeant plus au nord, là où finit la mer et où commencent les lagunes ; mais ce fond est vaseux et fait *écarteler* les *chameaux* ; puis, lors même que cet inconvénient n'existerait pas, l'Arabe, cet être immuable, n'y songerait point, ni ne voudrait l'essayer. Il a passé la mer à ce gué, tout enfant, avec son père et les vieillards de sa tribu ; c'est là qu'ont passé les pères de ses pères ; il montrera plus tard cette route à ses fils, et dans trois mille ans, à moins d'un cataclysme, c'est là encore que les Bédouins viendront d'Asie en Afrique.

La position de ce gué des Bédouins coïncide d'une manière frappante avec le célèbre passage de l'Exode : *Reversi castrametentur e regione Pihahiroth, quæ est inter Magdalum et mare contra Beelsephon*... Le gué, en effet, dans la direction indiquée par la Bible, a un kilomètre et demi à la gauche de Suez. M. Quatremère a objecté que Baal-Tséphon devait être une ville fortifiée, dont la garnison pouvait inquiéter les Israélites, et, au besoin, s'opposer à leur passage; c'est une simple conjecture de l'illustre savant, et l'Exode n'en dit rien. A cette époque, le commerce des Pharaons n'avait pas, sans doute, une extension bien considérable avec la mystérieuse péninsule indienne et l'Arabie supérieure ; il est permis de le supposer. Et comme nous persistons à penser, toujours d'après le texte hébreu, que Baal-Tséphon n'était qu'un simple comptoir (*Mischknot, tabernaculum*), la garnison, en cas qu'il y en eût, devait se borner à quelques soldats ; mais en admettant qu'elle se composât d'une centaine et même d'un plus grand nombre, que pouvait-elle faire en face d'une multitude d'hommes que poussait le désespoir, et que Dieu protégeait visiblement ?

Nous avons décrit la position géographique du gué par rapport à Pihahiroth et à Magdalum, ainsi que le passage effectué encore de nos jours par les Bédouins de la péninsule. Moïse, cet enfant adoptif de Thermutis, cet homme aimé de Dieu, vaste intelligence à qui tous les trésors de la science sacerdotale (Moïse n'a jamais exercé le sacerdoce) durent être prodigués, avait nécessairement une connaissance profonde de la topographie du golfe héroopolite. Après ses conquêtes sur les Ethiopiens (Flavius Josephe Ant. Jud. 48) et le meurtre relaté dans la Bible, il s'enfuit jusqu'au fond de la péninsule sinaïtique, et devint le gendre de Jéthro, sacrificateur de Madian, puis intendant de ses troupeaux. Cette vie nomade, si nouvelle pour le favori du Pharaon, le mit en rapport avec les habitants de la presqu'île ; et comme il était de la même race qu'eux, il est permis de présumer qu'il eût une influence sur l'esprit de ces pauvres pasteurs, qui lui révélèrent sans doute le gué de Baal-Tséphon. Certes, il y a dans tout cela inspiration du ciel, on ne peut le nier. Quand de grands évènements doivent remuer le globe, Dieu fait surgir les grands hommes; ainsi d'Alexandre, de César, de Mahomet, de Charlemagne et de Napoléon. Moïse, ce grand prédestiné, réunissait toutes les conditions humaines et d'autres que nous appellerions presque divines, puisqu'il était l'écho de Dieu sur la terre pour arracher le peuple hébreu au joug de fer des Pharaons. Général d'armée, législateur, poëte, médecin, il savait tout, et à tant de connaissances il joignait encore celle de la géographie pratique, science éminemment utile pour lui, conducteur de sa nation à travers les solitudes arides de l'Arabie, science qu'il avait apprise des Scénites, les aïeux de ses pères. Voilà pourquoi il devint l'élu de Dieu, afin d'accomplir ces grandes choses que nous essayons de retracer. L'Ecriture sainte dans son large style Oriental, et l'Eglise son interprète, qualifient le fait du passage de la mer rouge du nom de miracle. De puissants esprits l'ont nié. Après tout, cette fuite à travers les flots, ces terribles marches au milieu des déserts arides, cette délivrance, sont miraculeuses autant que réelles; et d'ailleurs, dans les mêmes conditions atmosphériques, dans les mêmes conditions humaines, le fait capital est encore possible et nous le prouvons! En ces temps où l'esprit d'investigation se fait jour de toutes parts, où tant de recherches actives et hardies sont souvent couronnées de succès, chaque jour amène une découverte précieuse, et pour ce qui concerne la géographie antique de l'Asie, c'est encore dans la Bible qu'on peut puiser les plus sûres lumières.

En faisant une étude sérieuse de Flavius Josèphe, il m'a semblé que cet écrivain a dû disposer de matériaux précieux aujourd'hui détruits; qu'il a connu des traditions qui ne nous sont pas parvenues, et que, à cause de cela, on peut avoir quelque confiance en ses assertions.

Voici ce qu'il raconte au sujet du passage de la mer rouge.

« Dieu peut, quand il lui plaît, dit Moïse aux Hébreux, sécher les mers et aplanir les montagnes.

« Après que Moïse eut ainsi parlé, il mena les Israélites vers la mer, à la vue des Egyptiens, qui, fatigués de leurs longues marches, *avaient résolu de n'attaquer que le lendemain*. Lorsqu'il fut arrivé sur le rivage, ayant en la main cette verge avec laquelle il avait fait tant de prodiges, il implora le secours de Dieu et fit une ardente prière. »

Après cela Moïse s'avança le premier avec une grande résolution, en commandant aux Hébreux de le suivre, ce qu'ils firent avec empressement.

Les Egyptiens, au contraire, selon les assertions de l'historien des Juifs, crurent tout d'abord que l'excessive frayeur des Israélites avait troublé leurs esprits, et les portait à se précipiter de la sorte dans un danger si évident et une mort qui leur semblait inévitable. Mais lorsqu'ils les virent continuer leur marche avec une telle assurance, sans avoir rencontré d'obstacles, sans qu'un seul eut péri, ils s'ébranlèrent et se mirent à les poursuivre avec acharnement, dans la croyance qu'un chemin si miraculeux et si nouveau ne serait pas moins sûr pour eux que pour cette multitude qu'ils voyaient ainsi y marcher sans crainte. La cavalerie entra la première; tout le reste de l'armée suivit; et comme *les Egyptiens avaient employé beaucoup de temps à se préparer et à prendre leurs armes*, les Israélites arrivèrent de l'autre côté du rivage avant qu'ils pussent les joindre.

Quand tous les Egyptiens furent entrés

dans cet espace de mer alors desséché, les flots se réunirent en un instant et les submergèrent. Les vents se joignirent aux vagues pour déchaîner la tempête; une grande pluie tomba du ciel; les éclairs se mêlèrent au bruit du tonnerre, la foudre suivit les éclairs; et afin qu'il ne manqua aucune de toutes les marques des plus sévères châtiments, dont Dieu, dans son courroux, punit les hommes; une nuit sombre et ténébreuse couvrit la face de la mer; en sorte que de toute cette armée si redoutable, il ne resta pas un *seul homme* qui put porter en Egypte la nouvelle d'un événement aussi terrible.

Complétons la citation :

« Les flots repoussèrent les corps et les biens qu'ils avaient engloutis, et les jetèrent sur le rivage où les Israëlites étaient campés. On se saisit avec action de grâces de ces riches dépouilles, des armes, et sur l'ordre exprès de Moïse, on les distribua par familles et par tribus. » (Flav. Josèphe, aut. Jud.)

C'est alors que la plage héroopolite retentit de ce chant sublime.

« Je chanterai le Dieu d'Israël qui s'est levé fièrement, et qui a précipité dans la mer, le cheval et le cavalier.

» Il est ma force, je dirai ses louanges; il m'a sauvé, je lui consacrerai un temple, il a été l'objet du culte de mon père, et je l'exalterai.

» Ce Dieu est un guerrier vaillant du nom de Jéhovah : il a englouti les charriots de Pharaon, l'élite de ses capitaines et toute son armée.... »

Essayons maintenant d'éclairer de nouvelles lueurs ce grand fait historique.

Moïse, en s'arrêtant au-delà de Pihahiroth, près de Baal-Tséphon, obéissait à la voix divine qui parlait dans son âme. Chef d'une nation que l'esclavage avait dégradée et remplie de passions mauvaises, il avait besoin de prestiges sans cesse renaissants; on n'a pas oublié tous ceux qu'il avait tant de fois opérés en présence de Pharaon, de sa cour et de ses magiciens.

Animé de l'esprit de Dieu qui le poussait à devenir un des libérateurs de sa race, tout en lui devait tenir du surnaturel aux yeux de cette multitude aigrie et affamée, qui venait d'abandonner la terre d'Egypte, la terre de l'abondance fabuleuse : c'est pour cela que lui, à demi scénite, ne fit pas camper les hébreux à Baal-Tséphon, ou devant Baal-Tséphon, tout au bord de la mer, mais entre Magdalum et Adjéroth ; et, comme raison humaine, on pourrait peut-être à bon droit supposer qu'il ne voulait pas les initier au phénomène du flux et du reflux.

Les Égyptiens apparaissant dans la direction d'Engrat-il-Maïet (la demeure de la mort), Moïse n'en semble pas ému ; il a confiance dans le Dieu qui l'inspire et dans les fécondes ressources de son intelligence. Le Pharaon fatigué ne l'*attaquera que le lendemain* ; il doit et peut le savoir par ses espions, par les traînards Egyptiens qui se sont associés à la fortune des Israélites. Il dispose aussitôt son peuple à la vue des troupes nombreuses et des chars de guerre, et quand l'*heure favorable* est venue, il s'élance dans la mer en ordonnant aux hébreux de le suivre.

Il fallut un certain temps à cette multitude pour passer du désert Egyptien sur le sol Asiatique, et les prévisions de Moïse ne tardèrent pas à se réaliser. D'ailleurs tout semble s'être réuni pour favoriser le passage des Israélites : le flux survint un peu avant la nuit, et il amena les vents et la tempête, chose très-fréquente en ces parages. Ainsi ce fut à la tombée du jour que le Pharaon, malgré la fatigue de ses troupes, donna l'ordre de s'élancer sur ceux qu'il appelait ses esclaves ; mais cette armée, épuisée de soif et de lassitude, n'y mit probablement pas une grande diligence, croyant bien que les hébreux emprisonnés par la mer et désespérés, n'iraient pas loin ; et elle se trouva au milieu du passage au plus fort du flux et de la tempête, quand la main de Dieu s'appesantit sur elle. La nuit survint, une nuit épouvantable, selon le récit de Flavius Josephe, et tout fut dit : Moïse avait si bien calculé toutes les chances en sa faveur, qu'il ne s'éloigna pas ; il campa sur le bord même de la mer pour faire profiter les Hébreux des armes et des dépouilles de leurs persécuteurs (1).

III

ITINÉRAIRE DE SUEZ AU COUVENT DU SINAÏ PAR TOB ET LE DÉSERT DE SIN.

Le 19 février, je quittai Suez à quatre heures du soir; j'avais envoyé mes Bédouins et mon domestique Egyptien par le chemin des lagunes avec l'ordre de m'attendre aux fontaines de

(1) Le général Bonaparte faillit périr, comme l'armée de Pharaon, au même lieu, le 28 décembre 1798, 3,300 ans après ; il fut sauvé par le dévoûment d'un guide Bédouin, d'une taille gigantesque; seul, son cheval fut noyé (Hist. de Napoléon. tom. Ier.)

Moïse. Le chef de la quarantaine m'ayant offert la barque du Bey pour m'éviter de contourner le golfe héroopolite, j'en profitai, et gagnai rapidement la côte d'Asie, conduit par MM. Batissier, Don Sapéto, et Andréa le médecin. Cette petite traversée eut lieu dans la direction de l'ouest à l'est, à partir de l'embarcadère situé sous les fenêtres de la maison du Bey jusqu'à la tour quarantenaire assise sur la rive asiatique. Pour la seconde fois, j'examinai ou sondai constamment la mer, dont la profondeur n'était jamais moindre de 8 à 12 pieds, c'est une preuve de plus en faveur de mon opinion, et qui rend de plus en plus inadmissible le passage des Israélites vers le Bas-Attaka, situé dans le sud de la mer Rouge.

Un de mes Bédouins m'attendait au pied de la tour avec son chameau; j'embrassai mes amis, et pris, non sans un serrement de cœur, la voie toujours bien incertaine du désert. On comprendra facilement la disposition d'esprit dans laquelle j'étais. Je venais d'abandonner ma jeune femme, mon père plus qu'octogénaire, mes amis, tout ce qui m'était cher enfin, et je m'en allais seul, malade, au milieu de l'hiver, faire d'énormes travaux, et affronter l'inconnu en compagnie de trois Scénites et d'un méchant vagabond de la vallée du Nil, qui pouvaient n'être pas très-fidèles, ni d'une moralité bien sûre.

De grands nuages noirs et métalliques zébraient le ciel, des flocons de brume couraient sur les flancs de Chédur ou Saderr, une pluie froide et fine fouettait mon visage; et tout cela n'était pas de nature à effacer l'amertume de mes réflexions.

Nous arrivâmes à la nuit à la vue de l'Aium-Mouza; et, après une marche assez rapide de trois heures, je vins descendre aux sources qui se trouvent au sud-est 20 : les fontaines de Moïse sont donc éloignées de plus d'une lieue de Suez, ainsi que l'ont avancé les derniers auteurs qui ont écrit sur l'Arabie Pétrée.

De riches Syriens, agents consulaires à Suez, ont utilisé l'eau de ces sources saumâtres; trois jardins enchanteurs pour cette partie désolée de l'Arabie, ont surgi des sables, et le voyageur peut s'y abriter, aux heures les plus chaudes du jour, à l'ombre de beaux tamarisques. L'eau de ces sources est très-acre, plus salée même que celle de la mer Caspienne; une seule est potable, mais seulement dans ces affreux déserts, car en Europe, nos animaux domestiques refuseraient d'en boire. Quelques malheureux Fellahs du Delta d'Egypte habitent la petite Oasis d'El-Aium, et vivent du maigre produit des jardins et de la munificence de leurs patrons.

Comme nous sommes sur une terre miraculeuse, c'est assurément le cas de décrire les particularités concernant ces fontaines mystérieuses qui sourdent au milieu des sables. Les unes occupent un petit mamelon d'une élévation à peine sensible, et les autres se trouvent plus bas à deux cents mètres vers le nord, dans une coupure dont les parois sont humides tout à l'entour à une assez grande distance. L'eau, dans ces réservoirs, est à dix pieds au-dessous du sol, et par conséquent à peu près au niveau de la mer Rouge à l'heure du flux. Deux seulement font exception, et occupent le versant du petit monticule. D'où viennent ces eaux ? La chaîne stérile et sablonneuse de Ruhat, montre à l'est ses cimes bleuâtres, mais un désert de sable les sépare d'El-Aium, et les pentes de ses derniers gradins aboutissent dans les ouadis Ouerdan et Garandel ; les pluies rares qui tombent sur ces montagnes ont donc leur réservoir dans ces grandes vallées. Ne serait-ce point une filtration de la mer à travers les sables? et puisque ces fontaines ne tarissent jamais, que souvent, au dire des Arabes de l'Oasis, les eaux bouillonnent plus fort que de coutume, il serait curieux de les observer aux heures des tempêtes et des hautes marées pour s'assurer si elles ne sont pas l'œuvre de la pression des flots.

20 février. En quittant l'oasis d'El-Aium, la route va au sud-est 40 à travers une plaine de sable et de caillous noirs. A une heure des sources, à gauche du chemin, existe un cimetière déjà ancien, parsemé de pierres tumulaires, et çà et là le sol est jonché de crânes et d'ossements blanchis, déterrés, selon toute apparence, par les bêtes fauves du désert. A partir de cette triste nécropole, on descend une pente de quelques mètres, et l'œil voit se dérouler devant lui, la plaine immense et monotone de Saderr, fermée à l'horison du sud par les montagnes de Garandel, tandis que, vers le couchant, la mer Rouge, que l'on cotoie à un ou deux kilomètres, apparaît, encaissée dans la chaîne africaine, magnifique de formes et de couleur.

Nous marchâmes huit heures dans la même direction par un froid très-vif, qu'augmentait encore un vent de mer d'une effroyable violence. A trois heures du soir, nous courûmes brusquement au sud sud-est pendant une heure quinze minutes, et un peu avant le coucher du soleil, nous atteignîmes Ouadi-Ouerdan, où je campai.

Cette halte fut signalée par un petit épisode qui peut trouver place ici, parce qu'il est caractéristique au point de vue des mœurs orientales, et qu'il sert à faire connaître jusqu'où peut être poussée l'insouciante ignorance des arabes. Depuis que nous étions entrés dans le lit de Ouadi-Ouerdan, j'avais aperçu plusieurs fois à l'horison un point noir qui prenait des proportions colossales, et, l'instant d'après, disparaissait tout à coup. Familiarisé depuis longtemps avec les phénomènes d'optique du désert, souvent si extraordinaires, je compris vite que c'était un homme, mais un homme dont les allures me paraissaient très-suspectes dans ce lieu; j'appelai mon cheik, qui cheminait à quelque distance.

— Ia Saleh wahad ragnel-Chouf!

(Eh Saleh, regarde — un homme!)

Le Bédouin mit la main au-dessus de ses yeux, mais ne vit rien.

— La, la, ma fiche beg.

—(Non, non, bey, il n'y en a pas.)

Et mon humble caravane continua de s'engouffrer dans cet affreux désert labouré par la tempête.

La fantasmagorie cessa : plus de point noir, plus de masse gigantesque; mais l'éveil était donné, un de mes Bédouins, Hassan, le plus jeune et le plus hardi, me voyant glisser à bas de mon dromadaire et armer les deux coups de mon fusil, s'approcha de moi d'un air inquiet et me pria de lui prêter ma carabine, ce que je fis. Une demi-heure après, l'Arabe trouva blotti dans un buisson de tamarisques, un pauvre Fellah, dont les épaules perçaient à travers une natte pourrie, son unique vêtement; il tremblait de froid, de peur, et succombait aux angoisses de la soif et de la faim. Je lui dis de nous suivre, et, tout exténué qu'il était, ce ne fut pas un des moins empressé à fixer dans le sable les piquets de ma tente. Ce malheureux était de Danmanhour: cumulant les fonctions de poëte et de kawedgi dans un établissement d'Almées, il avait à grand'peine depuis plusieurs années, rassemblé quinze medjidis (74 francs), et croyant son trésor inépuisable, il s'était joint à la grande caravanne de la Mecque, comptant peut-être aussi sur ses talents de poëte pour charmer les ennuis de quelque puissant Hadji. Au retour, son bangalot fit naufrage dans les parages de Tor; et c'était de ce point de la côte de la mer Rouge, qne, seul, il était parti sept jours avant que je le rencontrasse. Il s'égara au-delà du Gah-el-Tor (le désert de Sin des hébreux), et des Bédouins insoucieux de sa misère, lui dérobèrent les vivres qu'il tenait de la bienveillance d'un reis de Moka, ses vêtements, et jusqu'à son tarbouch! Encore un jour, et cet infortuné restait dans ces affreuses solitudes. J'eus la grande consolation de pouvoir lui sauver la vie. Tout d'abord je lui fis boire quelques gorgées d'eau mêlée à du vin de Marsalla, car il n'avait pas mangé depuis quatre jours, ni bu depuis soixante heures! Ensuite je le rationnai méthodiquement; et le soir il soupa gaiement avec les Scénites, nous raconta son pèlerinage et sa triste histoire. Le lendemain matin, il reçut des vivres pour plusieurs jours, un sac qui fut vite converti en manteau, et quelques piastres pour acheter un turban à Suez. Aussi que de bénédictions me donna le pauvre hadji, ce fidèle croyant ! et vraiment, tout musulman qu'il était, je suis certain qu'elles partaient du fond du cœur.

Cette chose toute naturelle et si simple, eut d'heureuses conséquences pour moi ; elle me porta bonheur ; et ne contribua pas peu à aplanir les obstacles qui menaçaient de s'élever du côté de mes Bédouins, secrètement poussés à la révolte par mon misérable domestique ; ce qui put me convaincre de la vérité de ce beau proverbe turc que le poëte de Danmanhour m'avait cité en continuant la route : *tends la main aux malheureux, Dieu ne t'abandonnera pas.*

A dater de ce jour mes Arabes se montrèrent plus empressés, plus soumis, plus disposés à faciliter mes recherches ; le Cheik, surtout, fit preuve d'un dévouement qui ne se démentit pas une minute pendant mon long voyage à travers l'horrible péninsule, et ce voyage fut aussi pénible et aussi dur pour lui que pour moi. Je dus cela à la charité chrétienne, la bienfaisance, aux yeux du turc et de l'Arabe, étant placée au premier rang des vertus humaines (1).

(1) Pendant un des séjours que je fis au Caire, il m'arrivait quelquefois d'aller *bazarder* c'est-à-dire étudier et parcourir les bazars. J'avais acheté quelques futilités à un arabe marchand de riches curiosités ; et chaque fois qu'il me voyait passer, il me faisait de grandes politesses, étendait aussitôt un tapis de Perse sur le devant

21 février. Je me mis en route par un temps glacial; de grands nuages lourds et noirs surplombaient la chaîne arabique, et le vent remontant au nord amena de la pluie. La direction que je suivais était est-sud-est 60. Après avoir marché environ quatre heures, j'entrai dans Ouadi-l'Hémara; c'est là que finit la plaine sablonneuse qui se trouve au niveau de la mer Rouge. Insensiblement le sol s'élève, puis des monticules de sable jaune et rouge apparaissent; alors, brusquement, le paysage

de sa boutique, me faisait servir du café, la pipe et un scherbet, absolument comme les somptueux marchands des *Mille et une Nuits*. Etant la, il m'arrivait souvent de donner quelque menue monnaie à de pauvres vieilles femmes ou a des Egyptiens aveugles. Un jour il lui vint à vendre un kama (long poignard du Corassan) damasquiné en or, et d'une grande beauté; je le convoitais ardemment, mais je le trouvais d'un prix trop élevé. Voyant combien je désirais cette arme rare, il me dit : « Jusqu'a quelle somme irais-tu? » je fixai un chiffre. Trois jours après. il me remit le poignard d'un air joyeux : « Tu désirais beaucoup ce kama, je m'en suis aperçu, le voici. » Je lui comptai le prix stipulé par moi : avec une loyauté bien rare, il me remit deux cents piastres. « Cette arme ne m'appartenait pas, me dit-il ; mais j'ai négocié heureusement son acquisition, et a un prix moindre que celui que tu m'avais offert. Depuis que je te connais, tu fais l'aumône indistinctement aux musulmans et aux chrétiens, *tu es digne d'être Moslem*, tu mets en pratique cette parole du prophète: Inné Allah'u youkibbé enn yéri es er minétihh'i (Certes Dieu aime celui qui étale les marques de la bienfaisance). Voilà pourquoi je t'ai aimé; je n'ai rien voulu gagner sur cette arme ni celui qui me l'a cédée. Puis tu as eu le bonheur de parcourir tous les empires musulmans, tu as vu Bagdad la magnifique, tu es un grand hadji; et tant que tu seras dans Misr, si tu as besoin de moi, n'oublie pas que je suis ton ami.» J'étais un peu confus, je l'avoue, en face de tant de noblesse; je devais cela, et la découverte d'un caractère aussi généreux, a quelques piécettes de cuivre et d'argent données à des musulmans infirmes; aussi j'avoue qu'il m'est impossible d'entendre de sang-froid les diatribes adressées par certaines gens aux turcs et aux arabes, qui les enveloppent tous, sans exception aucune, dans leur malédiction.

prend de grandes proportions, mais tristes, sévères et désolées; à midi, je traversai Ouadi-l'Awara, qui débouche dans la plaine el-Khoud, plateau d'une aridité affreuse, long de six kilomètres, venant déboucher dans la grande Ouadi-Garendel. Il y a là une source amère et un palmier.

Dans un pays peu visité, peu connu, et surtout dans cette terre biblique, tout intéresse; et à cause de cela, peut être, on doit en exclure le merveilleux, pour s'en tenir à la vérité, qui vaut mieux toujours. Pockoke, souvent si judicieux, manque d'exactitude dans cette partie de son exploration; et des voyageurs plus modernes font de ces ouadis, parcourues depuis deux jours par moi, le repaire de monstres apocalyptiques et de serpents fort dangereux. Cumulant avec mes fonctions d'envoyé du ministère de l'instruction publique, celle de pourvoyeur d'insectes, de mon ami Saulcy, j'eus bientôt dépisté ces fameux serpents.... de mer. Dans toute cette région, le sable est en effet couvert de longues traînées régulières ressemblant à des anneaux de reptiles; mais en les observant de plus près, je vis qu'elles étaient l'œuvre de ce scarabée noir et inoffensif nommé par les Szaoualhât *ouar-el-bénat*. J'en mis plusieurs sur des zônes de sable fin, et la trace qu'ils laissèrent sur ce sable pouvait faire croire, de prime-abord, à la présence de nombreux serpents.

Ouadi-Garandel vient réjouir l'œil attristé du voyageur; c'est le Corondel de Pockoke, le Girondel de Niébuhr. Le lit de ce large torrent d'hiver est semé de tamarisques d'une grosseur extraordinaire, et deux palmiers rachitiques élèvent au-dessus des masses de verdure, leur maigre et triste parasol. Cette Ouadi, profondément encaissée, principalement à l'est, court de cette direction à l'ouest; et des géographes mal renseignés, Lapie entre autres, ont prétendu, et cela bien à tort, qu'elle se prolongeait par El-Arisch, jusqu'à la Méditerranée. Cette belle Ouadi a sa racine dans le groupe des monts Saderr, plus généralement connus des Européens et des savants sous le nom de Chédur.

Là finit le sable et la région qu'on peut nommer les dunes de la mer rouge. Le lit de Ouadi-Garandel est plein de talc, ainsi que ses contreforts du sud. Le sol s'élève de plus en plus, et la route s'engage dans un défilé de calcaire crayeux, traversé par une zône rougeâtre qui vient brusquement finir dans la riante Ouadi-Ousit. Il était presque nuit quand j'arrivai à ce campement ; ma tente fut dressée sur un tertre abrité par plusieurs massifs de beaux palmiers, auxquels on fit, à mon vif déplaisir, de larges emprunts pour nous réchauffer et sécher nos manteaux trempés de pluie ; puis, la lune ayant percé les nuages, j'allai reconnaître cette vallée qui ressemble à un oasis. Des groupes de palmiers et de tamarisques dressaient leurs sombres masses sur le ciel éclatant, et dans le lit de l'ouadi, au nord, je trouvai cinq à six petites sources. Il est certain qu'une nappe d'eau souterraine assez volumineuse existe dans cette contrée, adossée au Djebel-Thâl dans la direction de la mer ; car mes Bédouins, pour avoir de l'eau meilleure creusèrent un trou de moins de deux pieds de profondeur, et bientôt ils purent y puiser de l'eau bien autrement potable que celle qui séjournait dans les récipiens antérieurs.

En calculant la marche des hébreux, en retrouvant ces palmiers, les seuls pouvant vivre en groupes dans un rayon de plus de 130 kilomètres, il devient évident que c'est le campement que la Bible nous fait connaître sous le nom d'Elim :

« *Venerunt autem in Elim filii Israël, ubi errant duodecim fontes aquarum et septuaginta palmæ, et castra metati sunt juxta aquas* (Exod., XV, 27.) »

« On partit de Mara, et à la fin de cette marche, les Israélites arrivèrent à Elim, où l'on trouva soixante-dix palmiers et douze sources de belles eaux : la beauté de ce pays fit qu'on y séjourna. »

Il est impossible, en effet, au voyageur attentif qui arrive dans Ouadi-Ousit, de méconnaître ce site d'Elim. Ce qui m'étonne, c'est que ce lieu biblique n'ait été reconnu par aucun des savants qui m'ont précédé. Après trois longues journées de marche dans les tristes solitudes de Saderr, les hébreux trouvèrent de l'eau, que celle de Mara (dans Ouadi-l'Awara, à la station précédente), devait leur faire paraître plus excellente encore ; et la longue vallée ainsi que les collines aux croupes arrondies couvertes d'arbustes et d'herbes odorantes, durent fournir une nourriture suffisante à leurs troupeaux affamés.

Thévenot, Pockoke, Schaw, placent Elim à

Tor, et plusieurs écrivains modernes ont imité ou copié ces voyageurs, ce qui est complètement inadmissible. Niebuhr émet timidement que l'Aium-Mouza (les puits de Moïse) pourrait bien être Mara, et Girondel (Garandel) Elim. L'illustre Danois a ainsi égaré beaucoup de commentateurs. — Nous ferons remarquer l'impossibilité qu'il y a de faire concorder cette opinion avec le texte de l'Exode. Les Israélites vinrent en une marche de Mara à Élim; or, la distance du puits de Moïse à Ouadi-Garandel est de quinze heures trente minutes de la marche d'un chameau, faisant à peu près 4 kilomètres et demi ou même 5 kilomètres par heure, ce qui devait faire trois fortes journées de la marche des hébreux qui étaient à pied; traînant à leur suite les enfants, les vieillards et leurs troupeaux. D'un autre côté, Ouadi-Garandel ne recèle d'eau dans ses sables qu'après les grandes pluies d'hiver; au 22 février 1850, elle y manquait complètement, bien que la mauvaise saison eût été très-pluvieuse; tandis que les sources de Ouadi-Ousit ne *tarissent jamais*, ce qui explique la présence de ces beaux palmiers et de cette végétation vigoureuse, dont une race moins insouciante que celle des Bédouins de la péninsule pourrait tirer grand parti. Avec quelque travail, on couvrirait en peu d'années Ouasit de dattiers qui seraient très-productifs. Du reste, le grand voyageur danois donne à entendre qu'il n'a pu étudier cette contrée que d'une manière très-imparfaite, à cause des Arabes dont il était accompagné, qui le trompaient toujours, les uns par excès de zèle, les autres l'intimidant pour des motifs peu honorables.

« Je n'ai point entendu parler, dit-il dans cet endroit (Girondel) de la montagne de Marah, dont d'autres voyageurs font mention : et *je ne me souciais pas de demander à nos Arabes* si certains noms, de montagnes ou de sources, leur étaient connus, parce que je remarquais qu'ils se plaisaient à répondre affirmativement à ces sortes de questions, et à nous montrer, sur le champ, des endroits qui, à les entendre, portaient ces noms.

Le professeur Lepsius, dont le nom a une grande autorité dans la science, est venu à son tour, après le consciencieux Robinson, essayer de retrouver cette marche célèbre, et créer un système plus étrange qu'heureux sur la véritable position du Sinaï. Nous essaierons bientôt de démontrer, en étayant notre discussion de toutes les preuves possibles, à quelles erreurs le savant prussien s'est laissé entraîner.

20 février. Je marchai au sud-est 40 à travers une contrée s'élevant sans cesse, aboutissant à un vaste plateau sablonneux, encaissé dans un hémicycle de montagnes sans beaucoup de caractère, mais d'une belle couleur. A l'entrée de Ouadi-Thâl à un kilomètre du chemin à l'ouest, se trouve une petite source, Ain-Thâl, dont l'eau est médiocre; il est probable qu'elle prend son cours souterrain à l'est; car dans cette direction j'aperçus deux palmiers nains, chétifs, et des samr (seyâl) en assez grand nombre, mais rabougris. La route devenait de plus en plus monotone et triste à mesure que j'avançais, et ce ne fut qu'après avoir descendu le revers méridional du plateau de Ouadi-el Taïbeh, que je trouvai un peu de végétation dans le fond d'un défilé, encaissé dans des espèces de falaises crayeuses.

Après une marche d'environ 4 heures, à partir d'Ousit, une large ouadi, nommée El-Hamr, apparut à mes yeux à l'est, et j'appris de mes Bédouins que c'était la route directe du mont-Sinaï. Je continuai ma marche au sud sud-ouest par un défilé profondément encaissé dans des montagnes de calcaire doré, mais friable à l'excès, bien qu'il fut par vastes couches horizontales. Ce défilé porte le nom de Chébékeh.

Robinson a commis une erreur à propos de Ouadi-Chébékeh, que M. Lepsius a relevée avec un grand sens. La section inférieure de l'ouadi-homr de Robinson (El-Hamr) est, en effet, Ouadi-Taïbeh.

Le judicieux Pockoke signale une vallée, qui ne peut être que cette Ouadi-Chébékeh, comme recélant des inscriptions ; je l'ai descendue depuis les derniers contre-forts des montagnes de Thâl jusqu'à son extrémité ; sondant ses moindres afluents, et je n'ai rien trouvé ; en examinant ces grandes masses de calcaire marneux, je fus bien vite convaincu qu'il n'y avait jamais eu là aucune inscription. Les anciens et les Egyptiens surtout, possédaient au plus haut degré le sentiment de l'éternité pour les œuvres monumentales, soit plastiques, soit épigraphiques. Contemporains des premiers âges du monde, on dirait qu'ils eurent la pensée constante de perpétuer leurs faits et gestes jusqu'à la fin des siècles, et, pour cela, toujours ils choisirent les matériaux les plus durables.

Parvenu, lors de mon exploration, à une

courbe qui va brusquement du sud à l'ouest-nord, le calcaire cessa complétement, sans transition aucune, et ce défilé m'apparut puissamment coloré de tons violents, verdâtres, noirs et porphyriques; puis vint une sombre chaîne de granit, de grès, et, tout à coup, la mer Rouge déroula devant mes yeux charmés ses ondes étincelantes, diaprées, mais solitaires, qu'enfermaient à l'horizon lointain, sur la terre Africaine, les pics déchirés de Kolzim.

Je cotoyai la mer en remontant au sud-sud-ouest. Le ciel était magnifique, et le premier plan du golfe héroopolite avait la couleur profonde et transparente de l'émeraude, tandis qu'en s'éloignant, il prenait les teintes foncées et un peu lourdes du Smalt; la chaîne basse du Makrat l'encadrait de ses croupes roses et arrondies, et, au fond, le Raz-Djehem fermait l'horizon. Je sautai à bas de mon dromadaire pour mieux jouir de ce merveilleux tableau, si original, si grandiose, et qui ne ressemblait à rien de ce que j'eusse jamais contemplé dans ma carrière de voyageur, déjà bien longue. Un monument de forme bizarre s'élevait sur un petit cap sablonneux, battu et rongé par les vents et les flots; je m'approchai : c'était le tombeau d'un Sauton arabe très-vénéré, Cheick-Abou-Zéminé de Tor. Quelques épaves de Bangolots naufragés soutenaient des nattes en lambeaux; un grand nombre de belles coquilles, des lampes et une infinité de chiffons de toutes couleurs couvraient la pierre funéraire, et de ce Raz si étrange, le tableau grandissait encore. Je le dessinai. J'aperçus, au-dessus des mamelons de Makrat, les pics gris de Ouâdi-Cédré, de Ouadi-L'lagam, que dominaient les hautes sommités bleuâtres de Djébel-Mokateb. A une grande distance, mes bédouins et mes dromadaires apparaissaient sur les grèves comme des points noirs; puis ils disparurent derrière le cap Humr, et je restai seul au milieu de cette scène sublime, où la mer n'avait pas une voile, la terre pas un homme, pas un brin d'herbe, pas un arbre sur les grèves et les montagnes, le ciel sans un nuage!

A environ deux kilomètres du tombeau de Cheick-Abou-Zéminé, la route remonte brusquement à l'est; on escalade, dans un lieu nommé Nokhol, plusieurs traînées de calcaire très-dur, et d'un granit fin, rongé par la mer dans les temps antérieurs, ce qui leur donne l'aspect d'escaliers gigantesques. Au delà, les flots se trouvent emprisonnés dans des coulées de magnifique granit bleu, et nous marchâmes dans la mer pendant quelque temps, pour venir camper à la naissance d'un hémicycle merveilleux, entouré de hautes chaînes de granit. Cette ouadi, dont l'embouchure est si majestueuse, est connue des arabes sous le nom de ouadi-el-Markâ (c'est le marchât de Niebuhr). Le sol est couvert d'une végétation puissante, bien rare dans l'Arabie Pétrée ; là croissent en abondance de hautes herbes, dont les bédouins de Tor se servent pour garnir les lourdes selles de leurs chameaux, des samr (séyal), des tamarisques, des buissons épais d'un arbuste résineux appelé *Marhk*, et beaucoup de touffes de kchyé, autre arbuste odoriférant, dont les dromadaires sont très-friands. Ma tente fut dressée au milieu de l'hémicycle, dans le sable d'un torrent desséché. Les bédouins choisissent ces lieux de préférence, en ce que les pieux des tentes ont plus de solidité, dans le sable durci par les eaux.

La haute chaîne de granit, que le soleil couchant couvrait de teintes de flamme, apparaissait au-dessus de l'amphithéâtre d'El-Marka dans le nord-est, et l'est-sud ; cela me fit songer à mes préparatifs ; prévoyant bien que je ne tarderais guère à trouver des traces de l'antiquité. Je me mis résolument à l'œuvre, et, à l'aide de filières et de planches de sapin du nord apportées par moi de Marseille, de vis, d'une hache et d'une scie, je fabriquai deux longues échelles qui, liées entre elles, me permettaient d'atteindre à une hauteur de trente pieds. La curiosité des bédouins était singulièrement éveillée ; pour la première fois, selon toute probabilité, depuis l'exploitation des mines de cuivre des Pharaons, un instrument de ce genre était apporté en Arabie, et le cheïk appelait le jeune et joyeux Hassan, pour lui faire admirer ces *Slélem* en quelque sorte improvisés par moi.

Cette prévoyance, pour laquelle on m'avait beaucoup raillé à bord de l'*Egyptus*, et même au Caire, sans soupçonner l'usage auquel ces bois encombrants étaient destinés, me facilita singulièrement dans mes travaux, et me permit de rapporter des monuments que, sans elle, je n'aurais pu mouler. Un voyageur sérieux ne doit négliger aucun moyen, quelque embarras qu'il puisse lui occasionner. Plus d'une fois, dans des voyages antérieurs, j'avais eu à souffrir du manque des ressources nécessaires ;

c'est ainsi, qu'arrivé en 1845 au pied des rochers de Bistourn, en face du précieux monument Perse, si important pour la science, si convoité alors, il me fallut, à mon extrême regret, renoncer à le joindre à ma moisson, parce que je n'avais ni cordages, ni bois, ni outils pour fabriquer des échelles, et que des raisons déplorables ne me permirent pas d'y revenir de Ker-Manchah.

La route, à partir d'El-Marka, va à l'est-sud-est. Tout le bassin est couvert de beaux fragments de granit bleu, rose et noir ; au fond de l'hémicycle, le col de L'lagam s'ouvre, encaissé dans de hauts rochers de calcaire éblouissant, et bientôt, prenant de vastes proportions, le calcaire disparaît. Après une marche de vingt-cinq minutes dans cette vallée, Ouadi-Babam s'allonge au nord, et contourne la chaîne aperçue la veille, tandis que Ouadi-L'lagam se continue dans un sombre défilé de granit. Cette nature de pierre, si sauvage, si puissante et si grandiose dans son bouleversement, cette couleur si vigoureuse, me faisaient ressouvenir des énergiques peintures de Salvator-Rosa. Les samr y sont assez abondants, ainsi qu'un charmant arbuste légèrement épineux, nommé l'*Assaf :*

il a quelque ressemblance avec le houx d'Europe comme tige et feuillage, mais le bois seul est épineux. A partir des samr le sol s'élève rapidement; L'lagam se perd dans la grande Ouadi-Chellal, que surplombent d'énormes pics de grès jaune et rouge traversés à l'ouest et à l'est par des filons de terres colorantes : à l'ouest, du brun Van-Dyck ; à l'orient de la terre d'ombre. Là je trouvai la trace d'un loup (dyp), et, certes, si ces carnassiers sont nombreux dans la péninsule du Sinaï (ce que je ne puis croire), ils ne doivent dîner que très-rarement, car il n'y a rien, absolument rien, que de la pierre, du granit et du sable.

La contrée devient de plus en plus sauvage et désolée à mesure qu'on s'élève : c'est d'une tristesse navrante! on n'y voit nul oiseau, nul coléoptère, pas même ce scarabée si commun partout, le ouar-el-bénat. Un silence de mort régne dans ces gorges effrayantes, si rarement visitées, et elles aboutissent à un col presque infranchissable, appelé Nakb-el-Boudra. Il fallut décharger les chameaux, et mes bédouins portèrent à bras, jusqu'au sommet du col, les barriques à l'eau, les cantines et la tente. Au sortir de ce mauvais pas, à quelque distance, le pic gigantesque de Djébel-Cedré se dressa tout à coup au fond de la route comme un mur de donjon. Je crus un instant qu'il nous faudrait retourner en arrière pour chercher un passage ; mais, à ma grande joie, une étroite ouadi s'ouvrit dans une coupure, et je n'avais pas cheminé cent pas que j'aperçus, sur les parois des rochers, les premières inscriptions sinaïtiques dont les caractères se dessinaient en clair sur un fond vigoureux. Dans mon extrême contentement, je me laissai glisser du haut de mon dromadaire avec une rapidité qui pouvait m'être fatale, et j'ordonnai au Cheik de camper là ; mais il me dit qu'Ouadi-Magarra (la vallée des mines de cuivre) n'était pas éloignée, et j'allai m'établir dans le nord, par Ouadi-Guéné à la bifurcation de Ouadi-Magarra.

Il était environ une heure ; l'eau allait nous manquer, et j'expédiai deux bédouins, avec les barriques. Mon Egyptien resta à la garde de la tente et des bagages, tandis que, sans perdre une minute, sans prendre quelques heures d'un repos qui m'eut été bien nécessaire à cause de mon état maladif, je m'élançai dans la montagne à la recherche des antiquités. Ouadi-Magarra, littéralement la vallée des grottes, doit son nom aux excavations pratiquées par les mineurs pharaoniques. Les filons étaient à une grande hauteur à l'ouest-nord, dans une vaste chaîne de grès rouge dont quelques lits ont une dureté presque égale à celle du granit, tandis qu'à côté se trouvent des zones fort tendres et friables. Le versant de cette montagne est couvert, de la base au sommet, de couches épaisses d'éclats jetés là par les mineurs et rongés par le temps et les eaux, ce qui en rend l'accès aussi pénible que dangereux. Je ne tardai guère à trouver des bas-reliefs ornés de cartouches, et deux inscriptions en caractères hiéroglyphiques. Tirant aussitôt un coup de pistolet, le cheïk Saleh m'apporta mes échelles, mes vases et les substances nécessaires au moulage de ces précieux monuments, remontant aux premiers âges historiques. L'opération était d'une difficulté extrême au milieu de ce chaos inextricable, et je ne savais trop comment m'échafauder. J'avais lié deux de mes frêles échelles, dont j'appuyai la base avec des quartiers de grès sur la déclivité rapide de la montagne; mais le vent impétueux qui soufflait depuis plusieurs jours à travers les gorges de la péninsule les faisait osciller comme une branche de saule, menaçant à chaque instant de m'emporter avec elles dans l'abîme; heureusement quelques minutes me suffirent pour mouler le grand bas-relief, et les autres ne présentèrent aucun danger, sauf un accident qui m'arriva en enlevant le creux du bas-relief de Méri-Pépi.

Les renseignements obtenus par moi au Caire ne portaient que sur ces quatre monuments; ayant interrogé mon cheick et les autres Bédouins, ils me dirent que c'était tout, que les rares étrangers venus là le savaient bien, qu'il n'y avait nulle autre antiquité, et jusqu'à Sarabit-el-Kadem, je ne devais plus rien espérer. Ne voyant aucune trace autour de moi, je les crus, et redescendis mouler et relever les inscriptions de Ouadi-Guené et de Ouadi-Cédra ou Cédré.

En exécutant ces travaux je réfléchis plus d'une fois aux bas-reliefs de Magarra; il me semblait que ce lieu célèbre, si important pour les Egyptiens dès la plus haute antiquité, devait offrir d'autres vestiges précieux pour la science, et, sans vouloir désormais entendre les dénégations de mes Arabes, bien que je fusse épuisé de fatigue, le soir, presque à la nuit tombante, j'escaladai de nouveau la montagne, en remontant cette fois au nord, à partir de la grotte principale. Je découvris d'autres inscriptions hiéroglyphiques, et, en cherchant à descendre dans une mine, j'aperçus un couloir très-étroit, obstrué à dessein dans les temps antiques, selon toutes probabilités. A l'aide de leviers je le déblayai, et là, dans le voisinage, je trouvai encore neuf inscriptions Egyptiennes et un bas-relief orné de cartouches. Dans ce même couloir, on a martelé complètement deux inscriptions, qui, sans doute, donnaient de grosses louanges imméritées à quelque mauvais roi, ou peut-être tout simplement à un chef des mineurs.

La journée du 24 février fut employée par moi à mouler ces précieux restes, ainsi que les inscriptions nombreuses des deux ouadis. Je faillis me tuer en enlevant le bord creux du monument de Méri-Pépi. Debout sur l'avant dernière barre de mon échelle, sans point d'appui, par conséquent, et obligé de tenir le moule avec mes deux mains, un tourbillon s'engouffra dans les rochers, me fit perdre l'équilibre, et je roulai tout meurtri sur la plate-forme en avant de la grotte principale que couronne ce précieux bas-relief.

Le 25 février, bien que mon état eût encore empiré par suite de ma chute, je fis lever la tente, et pendant les préparatifs du départ je dessinai les deux sites de Ouadi-Guené et Ouadi-Magarra, si intéressants au point de vue de la science. Mes Bédouins semblaient avoir perdu tout courage depuis la veille ; tous se plaignaient de coliques violentes, de maux d'estomac, symptômes que je ressentais moi-même. Le jour précédent, j'avais remarqué, à la suite de mon travail, que mes mains étaient d'un jaune verdâtre; cela me fit tout naturellement songer au cuivre. Je demandai d'où venait cette eau, le nom du puits. Alayat et Hassan ne purent m'indiquer le lieu précis ; je sus seulement que c'était dans une ouadi assez éloignée ; qu'il n'y avait ni puits ni source, mais que cette eau s'amassait aux époques des pluies d'hiver dans des anfractuosités de rochers, où elle se conservait quelque temps. Comme j'étais dans la contrée des antiques mines des Pharaons, je pensai qu'il y avait dans ces *birket* ou réservoirs naturels quelques faibles parties de sels de cuivre en dissolution ; puisque, après une journée employée au moulage, j'avais les mains et les ongles verdâtres. Quoiqu'il en soit, nous ressentîmes tous des coliques pendant les cinq longues journés qu'il nous fallut boire de cette eau. — Mais nous étions destinés à endurer bien d'autres misères.

Dans l'après midi du 25, je partis de Magarra, par Ouadi-Cedré à l'est-nord. Une heure à peine s'était écoulée depuis que je m'engouffrais de nouveau dans ces solitudes, d'un pittoresque si étrange, que des trésors d'un autre genre, mais bien plus considérables, vinrent s'offrir à mes regards.

A six kilomètres de Ouadi-Magarra, Ouadi-Cedré débouche dans un cirque gigantesque, enfermé dans les chaînes les plus déchirées et les plus belles de forme et de couleur de la presqu'île. Comme cette plaine de sable n'a point de nom particulier reconnu chez les Arabes, qui la dotent arbitrairement de plusieurs, pour éviter toute confusion, et afin que les savants puissent me suivre et même embrasser l'ensemble de mes travaux, je l'ai nommée la plaine des *Quatre-Ouadis*. Ouadi-Cedré s'enfonce au nord-nord-est dans les plus hauts pitons ; à l'est Ouadi-Nebek s'allonge dans la direction du Djebel-Serbal, et en coupant brusquement au sud on trouve Ouadi-Mokatteb. Quand au nom de la quatrième vallée, il m'est inconnu.

Au moment où l'on débouche dans la plaine des quatre Ouadis, un espèce de Raz ou tête de rocher apparaît au nord ; il est de grès rouge, et de larges blocs informes gisent à sa base. Là se trouvent de nombreuses inscriptions en différentes langues, écrites dans les temps anciens par des voyageurs de races diverses. Je passai. Plus loin, à deux kilomètres dans le sud-ouest, les rochers de la route en étaient littéralement couverts, et de là jusqu'à Ouadi Mokatteb il n'y a pas d'interruption. Quand j'arrivai, au lever de la lune, je trouvai ma tente dressée dans un coude formé par les rochers. Ouadi-Mokatteb (la vallée écrite), est, on peut le dire, la bien nommée ; car toutes les parois de ces grands blocs de grès rouge, m'apparaissaient au feu de mes Bédouins, sillonnées d'inscriptions, bizarres la plupart, en grands caractères. Avant le lever du soleil j'étais debout ; j'allai au Raz des Quatre-Ouadis mouler tout ce qui s'y trouvait, et j'eus cruellement à souffrir de la tempête, qui soufflait du nord sans interruption, et faillit vingt fois me précipiter du haut de mes échelles.

Après deux journées passées dans les parages de Ouadi-Mokatteb, je fis lever le campement ; j'étais heureux et fier de ma moisson, et, sans fausse modestie, je crois pouvoir dire ici que ce droit m'était acquis. J'avais travaillé à Magarra seize heures et demie, le lendemain dix-huit heures et demie, et le surlendemain environ vingt heures. Je moulai les dernières inscriptions à la lueur d'un fanal et au clair de lune ; puis je me jetai quelques heures sur le sable, brisé, malade, épuisé, et au lever du soleil je remontai sur mon affreux dromadaire, qui était bien la plus dure monture de son espèce, pour aller fouiller la chaîne du Serbal. J'emportais de Magarra, de Cedré, de Guéné, des quatre-Ouadis et de Mokatteb, plus de trois cents bas-reliefs et inscriptions, tout ce que l'antiquité avait sculpté ou buriné là.

En révélant ces choses personnelles, je ne fais que suivre les conseils d'un savant de premier ordre qui m'honora de son amitié et que je regretterai toujours ; — je veux parler d'Eugène Burnouf. Ce difficile voyage à travers toute la péninsule du Sinaï, cette longue série de monuments, moulés ou dessinés par moi seul, l'itinéraire, les notes, les matériaux, recueillis pour ma carte, les observations, les croquis, enfin tout cet ensemble de travaux accomplis en quarante-deux jours, à dater de mon départ du Caire jusqu'à mon retour dans cette capitale de l'Egypte, lui semblait si extraordinaire, qu'il me dit vingt fois : « N'omettez rien, pour qu'on ne puisse douter. Si les monuments n'étaient pas, à cette heure, coulés en plâtre au Louvre, quoique vous disiez, quelque confiance que j'aie en vous, *je ne croirais pas.* »

Assurément il fallut de l'opinâtreté, du bon vouloir, plus que cela peut-être, pour atteindre le but qui m'avait été désigné ; autrement, avec les conditions plus que modestes de mon équipage, je serais mort de soif et de faim dans ces déserts, ou je n'aurais fait que peu de chose.

Depuis mon départ de Suez je n'avais rencontré aucun être vivant, si j'en excepte le pauvre Hadji de Damanhour et les gens de l'Aïum-Moûsa. Un soir en revenant de Ouadi-Nebek, je trouvai un étranger accroupi devant le feu de mes chameliers ; il se leva précipitamment, me donna le salam interminable à la mode Bédouine, en me disant qu'il était de la tribu des Therrâbynn, et que, son frère s'étant engagé au service d'un Fransiz, il venait l'attendre au passage pour le relever, afin de conduire l'Européen à Akabah. Il me donna quelques renseignements curieux, et, comme il se disposait à pétrir une poignée de farine pour son souper, je lui dis qu'il était mon hôte, et il prit sans plus de cérémonie part au pilaw fraternel du désert. Le lendemain étant à travailler dans les rochers, cet homme accourut vers moi en criant comme un forcené : — *Bey, adè el Bedaoui, chouf!* « Bey, regarde : voici les Bédouins! » Une troupe nombreuse d'Arabes armée de fusils et de lances accourait au grand trot. Je sautai sur ma carabine et regagnai rapidement ma tente, où j'avais un tromblon en bon état, ne sachant, en voyant les gestes énergiques des Therrâbynn, si c'étaient des amis ou des ennemis. Quelques minutes après, un nouveau flot arriva, au milieu duquel je reconnus, sous un costume des plus étranges, un Anglais de ma connaissance, M. Nordman, homme fort distingué, qui s'en allait au Sinaï avec sa femme et d'autres compatriotes. Ces dames et ces Messieurs restèrent avec moi une demi-heure; nous échangeâmes quelques bonnes paroles, et, remontant sur leurs dromadaires, bientôt ils disparurent dans les profondeurs du désert.

28 février. — De Ouadi-Mokatteb, je me dirigeai au sud. Mes hedjéïn, bien reposés et rafraîchis par le netech, arbuste ressemblant au genêt d'Espagne, qui se trouve en abondance dans la plaine des Quatre-Ouadis, marchaient avec rapidité. L'air était très-froid, mais sec, et le paysage sévère et magnifique ; j'avais à l'est la masse gigantesque du Djebel-Serbal, couverte de vapeurs cendrées, et le pic brusquement coupé du Djebel-Benat. Nous nous enfonçâmes dans une gorge bouleversée par les eaux, qui vient se perdre dans la belle et célèbre Ouadi-Pharan, je remontai au sud par l'Ouadi-Zreitt, petite vallée peu connue, rarement fréquentée, qui est le dernier gradin du groupe sinaïtique. Il n'y a peut-être pas sous le ciel un coin si désolé ! Le sol est couvert de pierrailles noires et étincelantes ; il faut s'engager dans des fondrières où le sable croule à chaque instant sous les pieds des chameaux, et au bout de cela, pour couronner l'œuvre, on descend un affreux défilé aboutissant au désert ou grande vallée Ouadi-Gah-es-Tour, qui va du nord-ouest au sud-est.

Cette plaine désolée est le célèbre désert de Sin des hébreux, quoiqu'en dise M. Lepsius. La tempête qui soufflait depuis quinze jours sur l'Arabie était là d'une effroyable violence. Le vent du nord, malgré mon épais caban et mon habarrah plié en six, me desséchait jusqu'à la moëlle, et, pour combler ma misère, il fut impossible de dresser la tente. J'arrivai aux palmiers de Tor, le soir du deuxième jour, à demi mort, et crachant le sang à pleine bouche.

Le premier mars j'atteignis, après cinq heures d'une marche très-rapide, la fin du désert de l'ouest, et j'entrai dans la petite Ouadi-l'hemmé ; bientôt j'aperçus à l'horison d'élégantes masses de palmiers, et le bruit terrible de la mer mugissante vint frapper nos oreilles. Cette Ouadi-l'hemmé aboutit à un ravin sous lequel existe une nappe d'eau assez considérable, alimentant de nombreux jardins de dattiers, de nerbeks, de grenadiers, d'abricotiers, ainsi que de quelques palmiers doum ; tous sont enclos de hautes murailles en torchis ou en briques crues ruinées pour la plupart. Sur les bords du ravin, et dans quelques jardins, j'aperçus des huttes d'Arabes sédentaires, ces jardins, occupent environ quatre kilomètres de terrain et portent le nom de Nakhel-es-Tour (les palmiers de Tor); au-delà le sol s'abaisse tout à coup, et Tor apparaît dans l'ouest au bord de la mer Rouge. Je vins camper sous un massif de jeunes palmiers, dans un pli de terrain abrité du vent du nord, à environ un kilomètre et demi de l'antique Phénécou, auprès des puits, dont l'eau est passable, et je me rendis à *l'emporium* avec mon fidèle Cheick.

Tor, que les Arabes Szaoualhât nomment *el-Tour*, a un nom très-célèbre, est fort vanté dans la Péninsule et ailleurs, ce qui ne l'empêche nullement d'être un lieu des plus misérables. J'ai lu quelque part que c'était une ville intéressante, peuplée d'environ deux mille âmes, avec un bon château-fort, etc. Tout cela est fort contraire à la vérité ! Tor a quinze maisons très-sales et très-laides, bien qu'elles soient bâties avec les plus beaux madrépores du globe, et le bazar se compose de la maison d'un musulman et de celle d'un chrétien, qui y vendent quelques provisions, à des prix excessifs, aux Arabes Scénites et aux navigateurs de Djedda et de Massaouha. Sur la grève orientale il y avait deux petites barques appartenant au marchand Arabe, qui voulait à toute force m'emmener avec lui à Cosséir.

Quant au château, situé au sud de l'autre côté du port, il est complètement ruiné; une tribu de Bédouins campait dans ses décombres, et comme je savais par mes devanciers qu'il était insignifiant, je me contentai de le voir de loin, étant trop malade et trop pressé pour perdre une ou deux heures.

Le nombre et la diversité de mes travaux ne m'avaient pas permis jusqu'à ce jour de m'occuper de mes provisions; l'œil du maître est pourtant une chose des plus essentielles au désert; j'en fis l'expérience, à temps, fort heureusement, et je ne saurais trop recommander aux voyageurs de descendre à ces détails, si vulgaires en apparence, quand il s'agit de traverser des pays à peine habités et dénués de tout; c'est la condition *sine qua non* du succès; je vais plus loin, c'est une question de vie ou de mort. Voulant régaler mes Bédouins qui avaient cruellement souffert dans le Gâh-es-Tour, j'ordonnai à Abdallah de faire un pilaw copieux; il me répondit que le beurre manquait. J'en avais fait acheter une cruche énorme avant de quitter le Caire, et sa contenance eut suffi aux besoins d'une famille Européenne pendant trois mois; mais le glouton, imprévoyant comme tous les barbares, et passionné pour la cuisine grasse, avait tout absorbé en quelques jours, ainsi que les dattes et une centaine d'oranges. De ce moment, pour parer aux désastres qui pouvaient en résulter, je pris la résolution de faire pour les provisions ce que je faisais pour l'eau : les cantines furent cadenassées, apportées chaque jour dans ma tente, et à la halte, mon fameux cuisinier prenait ce qui nous était nécessaire pour le repas du soir. Mais le coquin s'en dédommageait quand il me fallait travailler loin du campement, et à cause de cela lui abandonner mes clefs, si je voulais dîner après le coucher du soleil. Néanmoins je me trouvai bien de mes précautions, et je leur dus de pouvoir achever mon voyage. Sans cette sévérité, j'aurais été forcé de revenir à Suez ; car le ravitaillement est impossible dans la péninsule du Sinaï, quand on a une fois quitté le souck ou marché de cette partie de la mer Rouge.

Les religieux du Sinaï entretiennent une maison à Tor; un moine seul l'habite; c'est un vieillard à barbe blanche, brisé par les ans et j'ajouterai presque par la misère. J'allai le voir;

il me reçut dans son divan, qui attestait de longs services et une extrême pauvreté. Il parlait le turc, ayant vécu longtemps à Constantinople et dans l'Asie-Mineure. Après une conversation assez insignifiante, ne pouvant tirer de lui aucun renseignement sur la chaîne du Farah-Tell, je le saluai et pris congé de lui.

La petite population de Tor me suivait avec un empressement singulier, un Européen y était chose extrêmement rare, car ce n'est pas la route des pèlerins du Sinaï. Je fis acheter quelques provisions, une outre pleine de pâte de dattes de l'Ouadi-Pharan, ressource précieuse pour les voyages du désert, la fameuse cruche de beurre fut de nouveau remplie, et je regagnai mon campement isolé, avec joie.

Le lendemain j'étais debout avant le lever du soleil, je me dirigeai d'abord à l'est. Après avoir gravi une colline sablonneuse d'une pente très-douce, j'arrivai dans el-Ouadi, la vallée par excellence, ainsi nommée par les Bédouins Szaoualhât à cause de ses jardins ombreux et de son eau douce; c'est là que je vis des palmiers doum pour la première fois. En passant près des enclos renfermant ces beaux arbres, dont le vent balançait la cime chevelue au-dessus des bosquets de grenadiers, de nebecks et d'abricotiers, je songeai à l'un de mes infortunés prédécesseurs, à Burkhardt, ce type accompli du voyageur en Orient, mort à la peine, comme Jacquemont, comme tant d'autres, sans avoir joui d'une gloire si périlleusement et si difficilement conquise! En revenant de Médine et d'Yambo, à bord d'un navire infecté de la peste, il débarqua malade à Tor et vint se rétablir dans el-Ouadi, qu'il cite encore avec enthousiasme après les délicieux jardins de ses amis d'Alep, MM. Barker et Maneyk. — Une grande similitude existait alors entre nos deux destinées; dans des voyages antérieurs j'avais aussi connu M. Barker, ses fils et ses charmantes belles-filles; j'avais campé dans son verger d'Alep, et plus tard à Beit-el-Mà et dans sa belle résidence de Soueydié, près des rives enchanteresses de l'Oronte et des ruines de Séleucie; comme Burkhardt j'étais gravement malade, et seul comme lui! J'eusse bien voulu l'imiter de tout point, et rester dans el-Ouadi deux ou trois semaines; mais la pensée du devoir était là qui me poussait, ainsi que bien d'autres causes; puis un pressentiment funeste m'obsédait. Avec la maladie d'entrailles contractée en Perse et la fièvre qui me dévoraient, j'étais certain de mourir si je ne quittais pas la Péninsule avant les grandes chaleurs, et pour cela il ne fallait ni se reposer, ni perdre une heure. D'ailleurs pour l'avancement de la science autant que pour mon honneur, engagé dans cette lutte, je voulais essayer d'achever honorablement la mission difficile qui m'avait été confiée.

Au-delà d'el-Ouadi nous remontâmes au sud, vers les montagnes dans la direction du Raz-Mohammed, espérant trouver quelques inscriptions marquées sur la grande carte du voyage de M. de Laborde; mais je ne fus pas assez heureux pour les apercevoir; je manquai, sans doute, la direction. J'affrontai vainement la tourmente, qui redoubla de violence vers midi : — je ne trouvai rien. — Depuis quatre jours je courais dans cet affreux désert du Sin, où l'atmosphère n'était que de sable; la tempête était si épouvantable, qu'il fallut attacher tous les chameaux ensemble; on ne voyait pas un homme à six pas et la voix ne s'entendait plus.

Le matin, avant de songer à lier les montures, nous cheminions fort paisiblement, mais assez vite; contre l'habitude, les Bédouins suivaient à pied en arrière à quelque distance : tout à coup, soit qu'il y eut une bête fauve tapie dans d'épais buissons de tamarisques bordant la route, soit pour d'autres causes, les chameaux poussèrent leur cri rauque et désagréable et partirent au galop. Je lançai le mien à fond de train afin de prendre les devants et de les arrêter ; mais avant d'avoir pu rejoindre celui qui portait les barriques à eau, sa précieuse charge gisait sur le sable ainsi que les cantines et toutes mes provisions, il y eût quelques dégâts, mais par bonheur les barriques résistèrent. Depuis ce jour, qui pouvait m'être funeste, car je n'avais pas d'outres, j'exigeai qu'un Bédouin marchât toujours en avant des chameaux pour prévenir tout accident de ce genre.

En revenant vers le nord, après mon excursion infructueuse, le vent changea brusquement de direction; il sauta à l'ouest-sud-ouest, ce qui occasionna une éclaircie dans ces ténèbres de sable, et j'aperçus à quelque distance, un arbre magnifique, le seul existant dans ce vaste désert ; il avait la structure, la hauteur et l'aspect des grands pins parasols de l'Italie méridionale, mais il donnait moins d'ombre. Les Bédouins qui le nomment *el-banc*, parurent le considérer avec une certaine vénération; un grand nombre de chiffons barriolés pendaient à ses branches inférieures.

Au-delà de cet arbre, le sol de la plaine s'élève; il est couvert de cailloux roulés, de débris de granit et de coloquintes *handal* ou *hantal*, d'une grosseur extraordinaire. Un de mes Arabes et mon cuisinier en firent une large provision, que plus tard je fis jeter, mes cantines étant encombrées de belles coquilles du golfe élanitique. Le Cheick me dit que les Bédouins se servent de la coloquinte en guise de purgatif. Après des souffrances inouïes, nous atteignîmes enfin Ouadi-Habran, exténués, et mes pauvres Bédouins qui avaient dû marcher dans le sable presque tout le temps, me dirent d'un air joyeux que c'était fini, que nous arriverions bientôt à la terre habitable, à leur chère Ouadi-Salaff ou Slaff, que je crus sur parole être une oasis délicieuse.

Je jetai un dernier regard sur le Gâh-es-Tour, l'ouragan exerçait alors toute sa fureur sur la partie plane et basse du désert. Colorées par le soleil ardent, ces immenses nuées de sable, ces tourbillons empourprés semblaient un de ces incendies terribles des grandes prairies du Nouveau-Monde. Je m'éloignai sans regret de ces lieux où les Israélites avaient trouvé la manne, et où, moins heureux qu'eux j'avais failli périr.

Je remontais la vallée depuis environ vingt minutes, ou plutôt je franchissais les derniers plis de terrain formés par les eaux à son embouchure, quand tout à coup un défilé grandiose m'apparut, emprisonné dans de gigantesques rochers de granit bleu, presque coupés verticalement. L'espérance me revint au cœur : avec le granit j'étais à peu près sûr de faire de nouvelles découvertes. Bientôt, en effet, je trouvai des inscriptions (dont quelques-unes en caractères de vingt à vingt-cinq centimètres de hauteur) couvrant d'énormes blocs gisant sur les pentes de la montagne au bord d'un torrent desséché. Je m'empressai de les copier et de dessiner ce site sauvage ; il était impossible de faire des moulages, car le granit était à peine entamé.

Durant le temps employé à ces travaux, mes Bédouins continuaient leur marche, désireux qu'ils étaient de se reposer dans cette gorge alpestre après cinq jours de cruelles fatigues et cinq nuits d'angoisses. La direction étant est-sud-est, le moindre souffle d'air n'arrivait pas jusqu'à nous et je me sentais revivre au milieu de ce calme bienfaisant. Mon chameau qui était d'une nature vicieuse, furieux d'être momentanément séparé de ses camarades et de son conducteur, fit un mouvement brusque pendant que je relevais une inscription, et il s'échappa au galop. Je ne m'en inquiétais pas autrement, sachant bien que le campement ne ne devait pas être éloigné. Mon travail achevé, je pressai le pas, cependant, car le jour baissait, et la nuit tombe très-vite dans les terres orientales ! Là le crépuscule est inconnu.

Un murmure agréable vint bientôt frapper mon oreille ; un filet d'eau charmant, d'eau fraîche et limpide, glissait en étincelant sur des traînées colossales de granit rose ou bleu veiné de rose, ou sur de larges coulées de cette brèche superbe, dite brèche africaine, baignant dans son cours si restreint les pieds de quelques arbustes et d'un magnifique palmier sauvage. Je regardai cette eau couler avec un grand charme, avec un vrai bonheur. En Arabie l'eau est rare, comme partout le diamant, pour ainsi dire ; mais de l'eau qui murmure, qui coule sous de beaux palmiers, c'est une véritable merveille ! La triste réalité vint bientôt m'arracher à cette poétique contemplation : j'étais brisé, malade ; il faisait nuit, et je me trouvais là seul, et à pied, pouvant à peine marcher. J'appelai mes gens ; mais la voix s'éteignait contre les parois de granit du torrent. Je m'assis sur une pierre, craignant de m'égarer à quelque bifurcation de vallée, me promettant bien dorénavant de faire toujours rester un Bédouin près de moi pour tenir le chameau, car je pouvais me perdre dans mes nombreuses explorations ; et d'un autre côté, si les Arabes n'eussent pas été fidèles, s'ils avaient voulu m'abandonner pour profiter de mes dépouilles, je serais mort de faim dans ces solitudes inhabitées qui m'étaient inconnues. J'en étais là de mes réflexions amères, quand j'entendis le bruit de la marche rapide d'un hedjéin, et de minute en minute des cris effrayants comme si l'on eût assassiné un homme. Je passai à mon poignet la dragone de mon sabre pour être prêt à tout évènement, et glissai quelques chevrotines dans les canons de mon fusil, puis j'attendis avec une certaine inquiétude.

Deux hommes, montés sur un chameau, passèrent brusquement près de moi sans me voir. La nuit, dans ce haut défilé, était si obscure que je ne pus distinguer que leur masse; ce ne fut qu'en les entendant pousser d'un ton lamentable le cri de *ia cawadja ia bey!* que je sus qu'ils allaient à ma recherche. C'était le cheick avec Hassan; je les appelai, et ces braves et pauvres gens passèrent aussitôt d'une inquiétude mortelle à la joie la plus vive, car, ces deux là surtout, m'étaient singulièrement attachés. Saleh avait fait dresser ma tente plus loin que je ne pouvais le supposer, à cause d'une source excellente; je remontai sur leur chameau, et cet épisode se termina par de grandes démonstrations d'amitié réciproque, et un vaste pilaw dont je les régalai sous un beau massif de palmiers qui se trouvait être le patrimoine de Hassan, le plus jeune de mes Bédouins, et parent de Cheick-Mouza, selon les Szaoualhât, le Schérif de la Péninsule du Sinaï.

Le lendemain matin je redescendis le torrent pour étudier les rochers aperçus la veille; c'est là qu'on aurait dû venir chercher les matériaux destinés au tombeau de l'empereur Napoléon. Outre les parois de l'ouadi, qui sont des carrières inépuisables, il y a, dans le lit de la petite vallée, des masses éboulées de granit bleu de quarante à cinquante pieds de long sur trente de hauteur; mais les matériaux les plus précieux sont une espèce de brèche merveilleuse, bleue, rose et verte, avec de larges zébrures blanches et noires; elle a le grain fin et cristallisé du marbre de Paros et une dureté égale à celle du granit. L'extraction ne présenterait pas des difficultés insurmontables; car, à l'aide de rouleaux, on pourrait faire franchir aux blocs les six kilomètres qui séparent les carrières du désert de Sin, uni comme une table légèrement inclinée de l'est à l'ouest, et de l'embouchure de Ouani-Habran à la mer Rouge il ne doit pas y avoir plus de six à sept lieues.

Après une marche de huit kilomètres à partir du puits et des palmiers d'Hassan dans Habran, on trouve Ouadi-kebrine, à l'est-sud. Plusieurs inscriptions existent à l'est-sud de cette vallée, remplie de samr, et Habran se continue au nord. Deux heures après j'atteignis le fond de cette Ouadi fameuse, et, pour abréger le chemin, il nous fallut franchir une petite montée assez rude d'accès, où j'augmentai encore ma moisson d'inscriptions, déjà très-considérable. Vers le milieu du jour j'arrivai sur des crêtes désolées, dominant une contrée d'une nudité désespérante, nommée par mes Arabes Dyarfrangui (Dar-e-Fragi, selon un autre cheik et Linaut-Bey).

Dyar Frangui, littéralement *la demeure* ou *le pays des Francs*, doit cette dénomination singulière à de nombreux tombeaux qui couvrent le versant des montagnes ou couronnent les raz ou caps de chaque vallée. Nous ne croyons pas utile de discuter si ces tombeaux appartiennent à notre race; il est bien évident que non, et les Bédouins de la Péninsule Sinaïtique les ont ainsi baptisés, parce qu'ils attribuent maintenant aux Européens, et en particulier aux Francs, tout ce qui est antique, extraordinaire, et ce que la tradition Arabe n'a pas conservé!

Comme nous en retrouverons ailleurs de très-complets, et que ceux du Dyar-Frangui sont en partie écroulés, je ferai plus tard la description de ces étranges mausolées, si intéressants au point de vue de l'archéologie.

Je vins descendre dans cette Ouadi-Salaff tant vantée par mes Bédouins, et j'aperçus à son extrémité ma modeste tente verte, qui brillait au soleil au milieu d'une zone de sable rouge, et protégée par les flancs et les imposants pitons du majestueux Serbal. Cheik-Saleh croyait trouver là sa tribu, mais depuis deux jours elle était décampée. Ce fut un amer désappointement, non-seulement pour lui et ses compagnons, qui manquaient de vivres, mais encore pour moi, car la vie du désert du Sinaï offre peu de ressources. Il grimpa sur la montagne voisine, à notre droite, avec la rapidité d'un chamois, plongeant dans toutes les directions, et bientôt je le vis descendre d'un air découragé. — « Les tentes sont loin, me dit-il, et si tu veux m'accorder un jour pour aller visiter ma famille, je te serai fort obligé; d'ailleurs ici tu n'as rien à craindre, ni pour toi, ni pour tes bagages; Ouadi-Salaff est plus sûre que ta maison du Caire, et chaque Szaoualhât te protégerait au péril de sa vie. » — Je lui donnai congé aussitôt, et moi-même, sans prendre un quart-d'heure de repos, je me mis en route avec Hassan pour Ouadi-Pharan, située dans le nord-ouest. A quelques kilomètres de mon campement, à la jonction de l'Ouadi-el-Cheick, je trouvai les tentes de Mouza, chef suprême de toutes les tribus de la Péninsule Sinaïtique, selon le dire de mes gens. Le camp se composait de dix de ces grandes tentes noires en usage chez tous les Arabes Scénites. Comme Hassan, mon chamelier, appartenait à ce clan, il fallut s'y arrêter. Le *Prince* était absent, et je fus reçu par son frère et les jeunes fils du chef, dans une tente ouverte située à l'angle est du campement qui formait une seule ligne. On servit du café, puis les femmes préparèrent de la pâte grillée ou *foutir*, dont on fit une espèce de bouillie détrempée dans du lait de chamelle, de la confiture de dattes, du beurre frais et du miel. Ce ragoût, assez recherché, est nommé *henéïné*; c'est un splendide régal pour ces pauvres nomades, ce mets antique qu'on ne sert qu'à des intervalles bien rares tant leur pauvreté est grande. J'en mangeai quelques pincées; puis on servit de nouveau du café torréfié, concassé et préparé devant moi, selon l'habitude du désert. Je leur distribuai quelques poignées de cigares dont ils sont très-friands, et au grand désespoir de Hassan, il fallut se remettre en route. Je découvris, dans ce trajet, une quarantaine d'inscriptions, bien que mon cheick, né dans cette ouadi, m'eut affirmé qu'il n'en existait pas. Quand je lui racontai mes trouvailles, il me dit froidement : « Que veux-tu? nous autres Bédouins, nous ne savons que conduire nos chameaux : ces choses-là ne nous intéressent pas. »

Après une course rapide à travers des bois épais de tamarisques, chose bien rare dans la Péninsule, je franchis une passe étroite de rochers naturels mais amoncelés comme si c'eut été l'œuvre des hommes ; ce lieu est nommé par les arabes Bâb-el-Pharan, et plus communément El-Bâb (la Porte) (1). C'est en effet la porte de la belle vallée. J'entrai aussitôt dans une oasis délicieuse, remarquable par ses riants jardins de palmiers, de tamarisques et de cèdés, ce dernier arbre acquiert une hauteur de vingt-cinq à trente pieds et produit un petit fruit rouge de la forme d'un gland doux. Un faible ruisseau serpente à travers cette ouadi et vient se perdre dans le sable et les pierres près d'un lieu nommé El-Hessué, cité à quelque distance des ruines de la cité détruite.

Un monticule factice obstrue le lit de la vallée en face de Ouadi-Aleyad ou Aleyat, qui monte dans le sud. Cette contrée est remplie d'arbres à gomme, dont les insouciants Bédouins font du charbon qu'ils portent au Caire, éloigné de douze journées de marche de caravane. J'examinai avec une grande attention

(1) M. de Laborde lui a donné un nom de fantaisie *Elboueb* qui en arabe n'a aucun sens. De son côté M. Lepsius l'appelle *Buëb*.

ces ruines déjà anciennes mais qui, selon toute évidence, en couvrent de plus antiques. Le sommet du monticule est couronné par une espèce de donjon, édifié avec des rochers de grès rouge et de granit. L'appareil en est grossier, mais néanmoins il offre une certaine régularité ; çà et là se voient dans les murs des pierres taillées qui remontent à des temps antérieurs ; la partie située à l'ouest-nord est en briques séchées au soleil, de cinquante centimètres de longueur, de douze de hauteur sur trente-six de largeur ; les ruines seules de Ninive m'en ont fourni de cette dimension. Le versant est était occupé par un monument dont j'ai déblayé quelques colonnes et deux chapiteaux de grès rouge enfouis dans les décombres ; selon toute apparence, c'était une église bâtie dans le moyen-âge par les religieux du Sinaï qui prétendent toujours, malgré les Szaoualhât, avoir des droits sur cette ravissante oasis.

Une espèce de kashr ou forteresse, avec de gros murs occupe une colline de granit fermant la vallée de l'est à l'ouest. D'autres ruines existent en face à l'est, et l'un des grands pitons au nord-est est couronné par une construction détruite. Du reste pas une seule inscription pour venir en aide à l'archéologue visitant ces ruines. Je me trompe : sur une pierre taillée semblant avoir fait partie d'une frise, j'aperçus trois caractères malheureusement très-frustes et ne pouvant donner lieu à aucune interprétation : seulement je crois pouvoir affirmer qu'ils étaient samaritains.

Je mesurai une colonne dont le diamètre était de 40 centimètres et le chapiteau de 42. Le diamètre des autres colonnes était de 32. Après avoir déblayé ces colonnes, je trouvai à une assez grande profondeur des débris de ces belles poteries émaillées d'un bleu vert en usage sous les Kalifes, et plus près du soubassement un fragment de vase antique semblable en tout aux urnes funéraires que j'avais trouvées autrefois sur le sol de Babylone.

J'allai faire un croquis dans le jardin de mon ami Linant-Bey qui a résidé longtemps au milieu des Bédouins sous le nom d'Abdellac ; sa propriété est religieusement gardée par le vieux Toneleb qui l'a si longtemps accompagné dans ses courses aventureuses en Arabie. Quand je dis à mes Bédouins que leur ancien hôte était un français, ils n'en voulurent rien croire, prétendant que l'envie seule me faisait parler ainsi à cause de la science sans bornes d'Abdellac, qui est un véritable arabe. M. Linant de Bellefonds est un de ces trop rares français qui font tant d'honneur à leur pays sur la terre étrangère.

Je remontai à l'est, enchanté de mon excursion. Chemin faisant, je relevai les inscriptions de Ouadi-Salaff tandis que mon chamelier racontait au campement de Cheick-Mouza toutes les tribulations de son rude voyage pendant l'hiver à travers le désert de Sin et les gorges sauvages du Farah-Tell. Puis comme l'Egyptien s'était, à grand peine, procuré un mouton, j'ordonnai un pilaw digne des noces de Gamache et j'envoyai mon troisième Bédouin à la tribu pour inviter à souper les oncles et le frère du grand Scheick. Au coucher du soleil, ils arrivèrent, et en quelques minutes mouton, pilaw, mech-mech disparurent. On fit une énorme bouilloire de café ; je leur distribuai du tabac et des cigares, et malheureusement pour mon repos, ils restèrent toute la nuit à raconter des histoires et à fumer près de moi accroupis autour du feu.

Le lendemain, à l'aube du jour, arriva Saleh tout joyeux, et deux heures après, j'étais sous sa tente, où il voulait à toute force me donner l'hospitalité.

Là je pus observer de plus près les mœurs de ces Scénites, et l'on ne fit aucune difficulté pour répondre à mes nombreuses questions ; je traiterai ce sujet plus loin quand je m'occuperai de la population et des ressources de la Péninsule du Sinaï.

De la bifurcation du Dyar-Frangui avec Ouadi-Salaff, où j'étais campé, jusqu'à la fin de cette vallée qui n'a pas un arbre ni un buisson, ma marche fut d'environ 5 heures. Pendant ce trajet, je trouvai quelques inscriptions, et outre le campement de mon cheick composé de treize tentes, nous passâmes devant celui de Bicharra où j'en comptai neuf; le sol va s'élevant rapidement; on voit qu'on s'approche de la grande arête de la presqu'île. Ouadi-Grédouah que je trouvai allant du sud à l'est-nord et contournant le groupe principal des monts Sinaï, m'offrit une magnifique inscription tracée en grands caractères sur un raz de granit rouge, et nous entrâmes ensuite dans le col difficile d'Eufréa faisant face au Djebel-Foureïdj. Durant ma longue et pénible existence de voyageur, si j'en excepte la chaîne supérieure du

Kurdistan indépendant, le Piré-Zend, dans le voisinage du golfe Persique et quelques pics du Caman méridional, jamais je n'avais fait une ascension aussi rude avec des bêtes de somme; le sentier s'allonge entre deux formidables pitons de grès ou de granit rouge très-grossier, et cotoie le flanc méridional jusqu'au sommet. Je n'avais pas voulu suivre le Ouadi-el-Cheick que j'avais laissé à l'est, parce qu'elle est très-connue étant la route ordinaire; puis celle-ci avait l'avantage de me faire gagner deux heures tout en me promettant de visiter une région à peu près inexplorée; seulement c'était rude, mais ma peine profita à la science, car je trouvai une vingtaine d'inscriptions sur les vastes blocs qui encadrent le sentier.

Parvenu sur le plateau, je me dirigeai à l'ouest et descendis une large et belle ouadi qui doit aller déboucher vers le Raz-Mohammed; mais n'ayant rien trouvé, je rebroussai chemin et regagnai le plateau qui vient aboutir à Raha (Rahka) touchant à Raphidim, d'où l'on aperçoit le célèbre couvent du Sinaï encaissé entre l'Horeb et le mont du Tabernacle.

Ma tente fut dressée en face d'Horeb, à la pointe de Raphidim, ne voulant pas profiter de l'hospitalité qui m'était offerte par le couvent, et surtout pour gagner du temps et pour être agréable à mon cheick, dont le dévouement sans bornes et le zèle ne se démentaient pas. Les moines, en cela, imitateurs des Cheicks des grandes tribus, ont établi une coutume au désert dont beaucoup de voyageurs et les pèlerins sont victimes, et je ne crois pas inutile de la dévoiler ici pour les en préserver à l'avenir. Quand on fait un marché au Caire avec les Bédouins le plus sûr est de l'écrire à la chancellerie de son consulat : les Arabes s'engagent toujours à vous conduire au couvent et à vous ramener en Egypte ; si l'on veut aller à Jérusalem ou à Damas par Pétra et Nackel (le château des Palmiers), les sinaïtes ne peuvent dépasser ce lieu, et le voyageur est forcé de faire un nouveau contrat avec les arabes Tihyânieh ou les Terrabyns, qui le conduisent à Pétra sans pouvoir le dépasser. Si l'on choisit la route d'Akabah, les Szaoualhât doivent s'arrêter à cette forteresse, et bon gré mal gré, payés ou non (et ils s'arrangent toujours de façon, si l'on ignore les usages du désert, à être payés jusqu'au lieu définitif pour l'aller et le retour), il faut de nouveau payer et passer sous les fourches caudines du fameux Hussein, cheick des Halaouin qui rançonne outre mesure. D'un autre côté, si le voyage se borne au pèlerinage de Sinaï, une fois entré dans l'enceinte du couvent avec les bagages, le Père directeur, de sa propre autorité, renvoie les Bédouins, fussiez-vous enchanté d'eux, et vous en fait venir d'autres, avec lesquels vous devez traiter pour rentrer à Suez ou au Caire. Ce sont des ennuis mortels qui se terminent toujours par des querelles et de l'argent extorqué au voyageur. Pour moi je n'étais pas tout à fait dans ce cas, puisque je voyageais en dehors des chemins du couvent, fouillant chaque vallée, chaque grande artère de la Péninsule, et que j'avais suivi des routes complètement inconnues; mais néanmoins en allant loger au monastère de Sainte-Catherine, je tombais de fait dans la dépendance des moines qui pouvaient fort bien pratiquer l'intimidation sur mes Bédouins et me faire perdre huit jours. Le Cheick Saleh me mit au courant de cette manœuvre et me supplia de rester campé dans le désert de Raphinim; je le fis d'autant plus volontiers, que je tenais à conserver ce bon et honnête arabe qui m'aplanissait une foule d'obstacles, et j'avais en lui une confiance aveugle, chose rare partout mais particulièrement au désert.

L'ingénieur en chef du vice-roi d'Egypte, Linant-Bey m'avait recommandé de chercher une ouadi située entre l'Horeb et le Djebel-Catherine, renommée par son eau délicieuse, et pour un jardin planté d'arbres fruitiers, charmant surtout à cause de son contraste avec cette région de granit. Le soleil était encore haut à l'horizon; j'avais près de deux heures de jour à espérer, et pour en profiter, autant que pour échapper à l'obsession prévue des moines, je pris mon fusil et m'en allai seul à la recherche de la petite vallée située dans le sud-ouest en longeant les croupes colossales de l'Horeb; je la trouvai, et bientôt un mince filet d'eau limpide et glacée, emprisonné dans une rainure de granit, vint m'avertir que le jardin devait être proche. J'aperçus au détour d'un rocher, les cîmes noires de plusieurs cyprès des pruniers et des pêchers tout rouges de fleurs. Le long du sentier, je trouvai une inscription arabe déjà ancienne; puis une seconde en caractères sinaïtiques. Continuant mon ascension, j'allai jusqu'au fond du vallon où je découvris des trésors inespérés. La nuit me surprit au moment où je finissais mes transcriptions. Je revins à ma tente bien avant dans la soirée, menacé à chaque pas, de me briser les jambes au milieu des rochers dont cette ouadi est parsemée; mais j'étais heureux, je rapportais une vingtaine d'inscriptions dont cinq ou six entre autres, des plus étendues, que j'avais encore trouvées dans cette nouvelle exploration. Cette vallée est nommée Ouadi-el-Ledja.

Trois hommes du couvent étaient accroupis avec mes Bédouins que je trouvai fort inquiets de mon absence prolongée. Le Cheik me fit des reproches paternels sur ce qu'il appelait mes témérités à propos des vieilles écritures. Il ne pouvait comprendre que je m'aventurâsse la nuit et seul, ou que je montasse sur des échelles peu sûres et dans des rochers où je risquais chaque jour ma vie, pour mouler ou dessiner des caractères bizarres qu'il n'apercevait pas toujours en passant au-dessous. Un des agents du monastère me dit que l'évêque m'attendait et semblait courroucé de ce qu'on ne fut pas venu me chercher. Je leur fis donner à souper en disant que le lendemain je réparerais cela. Puis je mangeai assez gaîment un ramier tué la veille, et je me jetai sur le sable mouvant que recouvrait ma tente, ravi de ma journée si féconde en résultats et reconstruisant par la pensée tous les grands souvenirs de l'Exode. — Là Dieu était apparu à Moïse! Je foulais le sol jadis trempé du sang des Amalécites; ma demeure était à Raphidim si célèbre; je touchais de la main pour ainsi dire le gigantesque Horeb, et pour horizon j'avais le couvent du Sinaï. — Quels souvenirs! quelle poésie! quel enseignement! quelle histoire!

Je dormis peu, tant mon esprit était agité par ces grandes choses; j'étais en outre en proie à un malaise étrange dont je ne pouvais me rendre compte. Bien que ma tente fut abritée par la pointe des rochers de Raha, je ressentais un froid excessif sous mon mince habit de toile; au jour, j'eus l'explication de cette nouvelle indisposition. Quand mon domestique voulut faire le café, l'eau de l'outre des Bédouins était gelée, mes zemzemies ne formaient qu'une masse de glace, et il fallut avoir recours aux barriques. C'était cependant vers le 8 mars et bien qu'au voisinage du tropique cela n'a rien qui doive étonner, si l'on songe à la grande élévation du Sinaï (1) et à ces terribles vents du nord qui

(1) Selon Ruppell, le Sinaï a 7,001 pieds de Paris, et le Djebel Catherine, 8,063. Selon Schubert, l'Horeb a 6,126 pieds anglais.

soufflèrent cette année là sans interruption sur la presqu'île pendant 22 jours et la désolèrent. Deux vieillards de la tribu des Mézéïn que je rencontrai plus tard dans l'est, me dirent que de mémoire d'homme un pareil hiver ne s'était fait sentir en Arabie.

Le lendemain je me rendis au couvent, suivi de mon domestique, du joyeux Hassan et d'un petit pâtre bédouin qui devait me conduire au sommet du Djebel-Moussa ou Mouza, (la montagne de Moïse), le père directeur parut à la fenêtre de la poulie, lui ayant crié que j'avais une lettre du patriarche d'Alexandrie, on me pria de me diriger vers l'angle sud du couvent où se trouve une petite porte en fer, haute de deux pieds à peine et percée dans un mur d'une épaisseur considérable. Après avoir franchi plusieurs couloirs sombres et tortueux tous fermés par de massives portes de fer presque aussi basses que la première ; j'arrivai dans la cour, et fus aussitôt introduit dans le divan, pièce fort propre dont le plafond venait d'être refait en planches de sapin du nord. Le frère directeur arriva bientôt muni d'une bouteille de raki anisé (eau-de-vie de dattes d'une force excessive) dont il me versa un grand verre. Je le refusai, m'excusant sur mon état de souffrance. Il prit texte de ce refus pour donner essor à sa mauvaise humeur — l'expression serait plus juste si je disais sa colère ; il était véritablement furieux. — « Vous aviez une lettre du patriarche vous recommandant à nous d'une manière toute spéciale ! s'écria-t-il en gesticulant comme un forcené, de façon à m'épouvanter si j'avais eu pour cela les moindres dispositions ; pourquoi rester loin de Raphidim, loin de tout secours ? Dans cette contrée il y a beaucoup d'arabes voleurs. C'est à peine si nous sommes en sûreté derrière nos hautes murailles et il ne serait pas impossible *que la nuit prochaine vous ne soyez dépouillé, assassiné peut-être !* »

L'honnête grec appuyait sur chaque parole menaçante avec une sauvage énergie et ses yeux me lançaient des flammes. Voyant que je restais impassible, sa rage s'en accrut encore. Puis, s'avançant vers moi le poing fermé, il me dit nettement : « Vous voulez parcourir le monastère ? Alors venez y loger. Vous voulez visiter l'Eglise ? Nous ne l'ouvrons qu'à nos hôtes ; mais je vous le répète, *il faut* venir au couvent. »

Jugeant prudent d'abréger sa philippique, je répliquai avec modération et politesse que je le remerciais de toutes ses offres gracieuses dont je lui savais le même gré que si j'eusse reçu l'hospitalité au monastère ; que mon intention était d'y faire mes dévotions, de le visiter, ainsi que la montagne de Moïse, puis rentré dans Raphidim, de faire plier ma tente et de partir le soir même. « Mon temps est compté, ajoutai-je, et il m'est impossible de perdre une minute. Je ne suis pas venu ici en simple curieux pour me promener ; j'ai de graves devoirs à remplir. » Je me levai alors pour prendre congé.

La colère du bon frère atteignit à son paroxisme. Se retournant vers mon domestique il lui dit en Arabe :

— Quel est le chien maudit qui a amené ton maître ? son nom ?

— Cheick-Saleh de Ouadi-Salaff.

— Qu'on le fasse venir à l'instant même. Puis ajouta-t-il avec une autorité superbe et une ironie méprisante, faites plier la tente du Cawadja et qu'on l'apporte sur-le-champ à la poulie avec tous ses bagages. Nous sommes les maîtres ici !

Jusqu'alors je m'étais contenu, à grand peine je l'avoue, désireux d'abréger la discussion pour visiter le célèbre couvent et m'échapper au plus vite ; mais quand j'entendis résonner ces paroles menaçantes, accompagnées d'injures grecques qu'il dévorait entre ses dents, mon caractère parfois un peu batailleur de sa nature, reprit le dessus et frappant fortement mon sabre sur les dalles, je l'apostrophai avec une telle violence qu'il recula vers la porte.

— Je suis venu ici librement, lui dis-je, apporter une lettre de votre patriarche que je vénère et d'autres lettres de vos évêques du Caire. J'ai des provisions et ne veux rien de vous. Votre hospitalité n'est qu'un vain prétexte et tant que vos paroles ont porté sur ce refus d'hospitalité de ma part, je suis resté calme malgré vos paroles insultantes. Mais vous proférez des menaces, vous voulez commander à mon cheik, le molester, me contraindre à prendre d'autres bédouins et faire lever ma tente de vive force. Je vous le défends, songez-y bien !.. le désert est la terre de Dieu ; son sol est à tous, et si l'on vient m'attaquer comme votre conduite me le fait prévoir, je vous rends responsable du sang qui sera versé. Vous êtes un très-méchant homme, mais vous ne m'effrayez pas. Qu'on me conduise à l'évêque ! Je veux savoir si de pareilles brutalités émanent de lui.

Cette scène de violence avait attiré deux gentilshommes anglais, des moines, et l'évêque prévenu accourut aussitôt. Il parlait un peu le turc et nous conversâmes sans drogman, ce qui valait infiniment mieux. Autant le frère directeur avait été inconvenant et grossier, autant le prélat fut parfait et plein de douceur. Il comprit vite que j'étais fort pressé et lui-même s'astreignit à m'accompagner dans l'église, les chapelles et la bibliothèque. Quand je fus pour sortir du couvent, le petit bédouin qui devait me conduire au sommet du Sinaï avait disparu par ordre du directeur ; en revanche, je trouvai à sa place un frère lai d'une figure aussi insignifiante que débonnaire et une espèce de sauvage à demi-nu.

— Voici vos guides, me dit le moine avec un sourire de démon ; l'ascension coûte trois talaris, veuillez me les donner. — Ce que je fis de très-bonne grâce en lui tournant le dos.

Si j'eusse agi moins énergiquement, on m'aurait installé de *vive force* dans le monastère où dix ou quinze jours se seraient écoulés en pure perte ; et malgré moi, sous prétexte que c'est la coutume, à mes bédouins si dévoués qui me servaient admirablement depuis un mois, on m'aurait substitué les premiers garnements venus qui m'auraient conduit et rançonné selon leur caprice. — Et voyez la justice! mes arabes avaient fait le voyage de Ouadi-Salaff au Caire pour y chercher fortune, et le directeur les aurait brutalement privés du plus clair de leur bénéfice. A l'avenir, je pense que plus d'un voyageur pourra faire son profit de ce renseignement.

Pour faciliter l'ascension du Sinaï et surtout à cause des chapelles et des pieux exercices des moines, on a, dans les temps anciens, pratiqué des degrés abruptes au moyen de blocs de grès ou de granit non taillés. Je ne ne répéterai pas ce que d'autres voyageurs ont déjà écrit à propos de cette montagne célèbre si rude d'accès. Pockocke fait un récit très-minutieux et assez fidèle du couvent de sainte Catherine et des environs. Son récit n'a pas vieilli et peut-être consulté avec fruit (1).

A mi-chemin du sommet, près de la chapelle Saint-Elie, sur une plate-forme assez restreinte, on trouve une source d'eau délicieuse avec un beau cyprès pour tout ornement. En

(1) On peut aussi consulter MM. Lepsius, de Laborde, les lettres de Seetzen et Robinson.

gravissant et contournant la montagne de Dieu depuis la fontaine jusqu'à la cîme du Sinaï, je trouvai un assez bon nombre d'inscription en caractères sinaïtiques, syriaques, arabes, arméniens, etc. Je les relevai toutes, sauf les modernes, et je dessinai le panorama sauvage et grandiose qui se déroule aux yeux, du sommet de la mosquée bâtie en face du petit oratoire chrérien. De là on voit parfaitement à l'œil nu, quand le temps est pur, le long golfe d'Akabah et les montagnes qui bordent l'Arabie déserte.

Rentré au couvent vers trois heures, j'y revis les deux gentlemen anglais qui m'attendaient. MM. Golton père et fils me félicitèrent beaucoup d'être resté sous ma tente à Raphidim ; et plus tard, quand je les retrouvai à bord de l'*Alexandre*, ils me parurent n'avoir eu à se louer que très-médiocrement de l'hospitalité du violent directeur.

Le soir, j'allai à la recherche de l'inscription dont parle Pockocke et qui a tant occupé le Père Kircher : Je crois l'avoir retrouvée et intacte. Ce savant anglais raconte naïvement qu'elle est presque effacée. Mais laissons-le parler lui-même.

La fameuse inscription du mont Sinaï, dont parle Kircher est sur une petite pierre qui est à environ un demi mille au couchant du mont Horeb. Quelques-uns ont dit que ce fut sous cette pierre que Jérémie cacha les vaisseaux du temple, mais l'endroit où il les déposa est au mont Nébo. D'autres ont prétendu avec moins d'apparence de vérité, que Moïse et Aaron sont enterrés dessous. On dit que les arabes ont souvent vu de la lumière autour et que, s'imaginant qu'elle avait quelque vertu, ils en ont détaché quelques morceaux qu'ils pulvérisent et qu'ils avalent lorsqu'ils sont malades, ce qui est cause que l'inscription est presque entièrement effacée. Il en reste cependant assez pour oser assurer qu'elle est la même que celle que rapporte Kircher, dont j'avais une copie et qu'il dit avoir été confrontée par deux ou trois personnes (1).

Cette inscription qui fit grand bruit dans le siècle dernier, aura sans doute été vue par le vieux voyageur à une heure du jour peu favorable, ce qui lui fit admettre comme vraie la fable arabe. Elle est tracée sur un bloc de granit rouge et peu profondément, comme le sont en général toutes les inscriptions de cette partie

(1) Richard Pockocke. *Descript. de l'Orient*, t. I, p. 48.

de la Péninsule ; il n'y manque pas une lettre ; et d'un autre côté, les arabes n'ont pas à leur disposition, d'instruments capables de pulvériser le granit.

Je visitai avec un soin scrupuleux tous les abords du couvent et pus à cause de cela, récolter quelques nouvelles inscriptions que je n'avais pas encore aperçues dans la matinée. Chemin faisant je racontai au Cheick Saleh les scènes du moine, ses menaces, et nous nous promîmes mutuellement de redoubler de vigilance tant que nous serions dans ces parages.

Je rentrai au coucher du soleil, à mon campement de Raphidim. Le directeur du couvent, un peu honteux sans doute de son infructueux essai de violence à mon égard, et très-probablement sermoné par l'évêque, était assis devant ma tente, où il m'attendait depuis deux heures, pour me faire des excuses. Il était accompagné d'un certain Parthenius, neveu du comte Zizinia, l'un des favoris de Mohammed-Ali. Cet homme, jeune encore, doué d'une imagination et d'une exaltation extrêmes, avait osé porter ses désirs et ses hommages jusque sur les degrés d'un trône : le malheureux s'était épris d'une belle princesse de la famille royale de France.

Sa pauvre tête s'y fêla, et un jour, ce brillant enfant de la Grèce alla prendre le froc de moine dans la majestueuse et terrible solitude du Sinaï. Il me raconta ses malheurs, ses privations, ses tristesses au milieu de ses compagnons ignorants et grossiers, me demanda de la poudre, quelques livres de plomb et des bagatelles d'Europe que je m'empressai de lui offrir, ainsi qu'une aumône au père directeur ; puis, à la nuit tombante je leur fis servir du thé, et nous nous séparâmes très-bons amis, du moins en apparence. Dès qu'ils furent éloignés, je donnai des ordres à mes Bédouins, afin que tout fut prêt avant le lever du soleil pour que je pusse me diriger vers le golfe Elanitique.

IV

ITINÉRAIRE DE MOÏSE.

Nous avons laissé Moïse sur le bord de la mer Rouge, se partageant les dépouilles et les armes des Egyptiens, dont les cadavres erraient au gré des flots.

Tulit autem Moïses Israël de mari Rubro, et agressi sunt in desertum Sur ; ambulaverunt que tribus diebus per solitudinem, et non inveniebant aquam.

Ces mots : *et egressi sunt in desertum Sur*, nous donnent, ainsi que nous l'avons dit déjà, une explication très-précieuse au sujet du désert d'Etham, dont la limite extrême dans le sud avait embarrassé tant de géographes, de critiques et de commentateurs; il est maintenant bien avéré pour nous, qui avons deux fois visité ces parages en les étudiant avec soin, que le désert d'Etham finissait à la pointe des lagunes de la mer Rouge; il faisait partie de l'isthme : il était en Egypte, tandis que celui de Shur appartenait à la Péninsule asiatique. C'était une démarcation géographique toute naturelle, une limite rigoureuse, que Moïse nous signale avec son laconisme et sa ponctualité de chaque jour.

Ensuite les Israélites entrèrent au désert de Shur. Selon nous cette solitude s'étendait seulement depuis l'extrémité nord du golfe Héroopolite jusqu'à Ouadi-Garandel, c'est-à-dire comprenait toute la région plate et sablonneuse enfermée entre la chaîne du Ruhat, la mer et la partie montagneuse du sud. C'est bien le désert dans toute l'acception du mot, sa solitude sans eau, embrâsée, inféconde, inhabitable, et nous croyons que le verset de l'Exode doit être ainsi interprété.

Moïse ne donne aucune indication sur les campements de ces trois journées, ni dans l'Exode ni dans les Nombres ; il y a là une difficulté que nous n'avons pas voulu tourner, bien qu'elle nous cause quelque embarras. Au sortir de la mer Rouge et avant de s'aventurer dans cette solitude affreuse, que seul parmi cette multitude, Moïse connaissait, il fallut nécessairement s'approvisionner d'eau, car celle qu'on avait prise la veille selon toute apparence aux puits de Magdalum, sur la rive africaine, ne pouvait suffire pour gagner Mara. Sur la rive asiatique, que les Israélites cotoyaient alors, il n'y a de l'eau qu'au Bir-Mabouk ou Nabah, assez éloigné dans les montagnes à l'est, ou à l'Aïoun-Moûsa (les fontaines de Moïse), qui se trouvaient sur leur route dans le sud. Une hypothèse qui nous paraît probable, bien que rien ne l'autorise dans le récit de l'Exode, donnerait lieu de penser que les Israélites, toujours ardents à la curée, errèrent quelque temps le long du rivage, à la recherche des cadavres des Egyptiens, pour s'approprier leurs richesses, et surtout leurs armes, dont ils avaient besoin pour leurs projets ultérieurs. Ils auraient de cette façon gagné les fontaines de Moïse, où se trouvaient et où se trouvent encore des sources abondantes. De là, après leurs provisions faites et leurs troupeaux abreuvés, ils se seraient mis en marche à travers le désert de Shur. L'Exode n'a pas mentionné cela, sans nul doute, pas plus que la présence de ces fontaines mystérieuses qui sourdent vigoureusement au milieu des sables; mais c'était le point de départ ou à peu près, et peut-être l'omission s'explique-t-elle par là, d'ailleurs d'où vient ce nom de l'Aïoun-Moûsa? La tradition ne l'a-t-elle pas consacré? Je sais bien que c'est une hypothèse, mais elle n'est pas invraisemblable.

Nous n'essaierons pas, dans ce livre, de préciser un point géographique pour les campements dans le désert de Shur; une telle détermination serait arbitraire et sujette à contestation. Le voyage des Israélites n'offrit aucun incident remarquable à travers cette solitude sans eau, bien connue de Moïse; et cela donne à penser que toutes les précautions avaient été prises : voilà sans doute pourquoi l'historien sacré a gardé le silence sur les stations de chaque jour.

Moïse employa trois journées pour venir à Mara; c'est là ce que l'on sait de précis par l'exode du passage (Ma'dyeh), à cette dernière station il y a environ dix-sept heures de marche, ou quatorze heures à partir de l'Aïoun-Moûsa. Que le sublime historien ait compté de l'un ou de l'autre point, peu importe, le trajet était toujours possible.

Dom Calmet, dans son *Commentaire*, dit que la tradition du pays place à vingt ou vingt-cinq lieues de Suez, en descendant du côté de Tor, et ailleurs il ajoute : « nous mettons la fontaine de Mara, environ à vingt lieues au-dessous de la pointe de la mer Rouge vers le midi. »

Le savant bénédictin était fort bien renseigné quant à la distance : c'est à nous, qui décrivons *de visu*, à déterminer géographiquement la position.

Et venerunt in Mara, nec poterunt bibere aquas de Mara, eò quod essent amaræ. Undè et congruum loco nomen imposuit, vocans illum Mara, id est amaritudinem.

Et murmuravit populus contrà Moïsen, dicens : quid bibemus?

At ille clamavit ad dominum, qui ostendit ei lignum; quod cum mississet in aquas, in dulcedinem versæ sunt.

Après Ouadi-l'Hemara on trouve près de là, dans le sud, Ouadi-Ouharra ou l'Awara; sur un monticule bordant la route, il y a une source d'eau nitreuse et deux palmiers touffus : mais bas de tiges : selon nous (et l'on peut se reporter à notre examen critique), c'est bien le Mara de l'Exode, coïncidant parfaitement avec les distances mentionnées dans la Bible.

Les Israélites, comme le ferait encore de nos jours une grande caravane pesamment chargée, ne pouvaient franchir ce désert de Shur en moins de trois journées : les pâturages de cette vallée et du plateau voisin d'El-Khoûl, sans être très abondants, pouvaient suffire aux troupeaux, puisque j'y ai rencontré une fraction assez nombreuse de la tribu de Terrâbynn.

Quant à la dénomination de Mara donnée par Moïse à cette fontaine, les Arabes ont conservé l'équivalent de ce mot dans leur langue; *mâ, moye Merra* ou *Marræ*, signifiait *eau amère*. Les incrédules, et même de grands esprits, ont mis en doute le moyen employé par Moïse pour corriger l'âcreté de ces eaux ; ce moyen est encore usité parmi les Arabes, malgré l'assertion contraire de Burckardt, et le bois dont ils se servent est ce charmant arbuste nommé *lassaff*, que j'ai décrit dans mon Itinéraire, et qui a quelque ressemblance avec le houx commun. Ils se servent aussi des rameaux du câprier ; et moi-même, bien souvent dans l'Arabie déserte et la Perse occidentale, j'ai adouci l'eau saumâtre en jetant dans les vases qui la contenaient des branches carbonisées de sabber.

Moïse ne séjourna guère à Marra, on peut le présumer, à cause de la tristesse du lieu et du peu de ressources qu'il offrait ; il venait, aux yeux des Israélites toujours frémissants, toujours disposés à la révolte, de renouveler un des miracles accomplis devant Pharaon et Hierogrammates, Jannès et Jambrès. De nouvelles épreuves pouvaient devenir compromettantes pour sa dignité et même sa sécurité, il les conduisit vers des contrées moins arides. A cinq ou six lieues de Mara, après avoir franchi la grande vallée de Garandel, on trouve Ouadi-Ousit ; il y a là de bonnes sources, de nombreux palmiers et des pâturages riches pour cette partie de la Péninsule. Selon nous, ainsi qu'on a pu s'en convaincre dans notre examen et notre Itinéraire, c'est Elim.

Venerunt autem in Elim filii Israël, ubi erant duodecim fontes aquarum, et septuaginta palmæ; et castrametati sunt juxta aquas.

D'Elim (Ouadi-Ousit), Moïse conduisit les Israélites par la contrée de Thâl, passa devant la grande Ouadi-el-Hamr, qui était la route directe du mont Sinaï, et, prenant le défilé de Chébêkek, il le descendit jusqu'aux grèves de de la mer Rouge où il campa.

Sed et indè egressi fixerunt tentoria super mare Rubrum-Profectique de mari Rubro, castrametati sunt in deserto Sin.

En quittant la belle plage d'Abou-Zéméné, Moïse eut à franchir la passe de Nokhol, et l'embouchure d'el-Markâ; un puits médiocre et peu abondant existe dans ce cirque immense, à environ quatre kilomètres de la mer, et dans le sud-est, à une faible distance d'el-Markâ, on trouve un autre birket ou réservoir alimenté par la chaîne de Chellal, dans un lieu nommé Daphary. Ces eaux, assurément, étaient connues de Moïse. Il n'est pas douteux que les Israélites y abreuvèrent leurs troupeaux en pas sant, et s'approvisionnèrent, s'ils ne l'avaient déjà fait à Elim, pour continuer leur route vers le sud. En ces lieux, de nouveaux dangers les menaçaient, et Moïse, dût, on peut le présumer, hâter sa marche pour quitter ces parages difficiles.

L'anse d'Abou-Zémené, ou plutôt celle d'El-Markâ, était un hâvre naturel, précieux pour la navigation de ces époques reculées : ce devrait être le port de la colonie de Makfat, ou le *pays du cuivre*, c'est-à-dire tout le grand massif compris entre Raml-el-Morak, Mokatteb et la partie septentrionale de Pharan.

Les Pharaons, à en juger par les nombreux et imposants monuments restés là, dans ce désert, signes glorieux d'une domination longue et puissante, entretenaient, à n'en pas douter, au temps de Moïse, une flotte assez considérable, destinée au commerce de la mer Rouge, et surtout à protéger leurs mineurs, à les alimenter dans un pays infécond, et à rapporter le précieux métal destiné à leurs arts, à la guerre et à l'agriculture.

Le mouvement devait être grand et incessant; aussi, est-ce à bon droit que nous supposons les craintes dont Moïse dût être agité en franchissant El-Markâ, et les ondulations des collines qui séparent ce bassin de l'embouchure de la grande Ouadi-Pharan, au-delà de laquelle on trouve dans le sud, le Gah-ès-Tour, que je crois fermement être le désert de Sin, où les Israélites vinrent camper.

En traçant de cette manière l'itinéraire du grand législateur des Hébreux, nous sommes en désaccord avec les deux savants qui ont fait sur cette fuite célèbre, les travaux les plus considérables ; nous voulons parler de MM. de Laborde et Lepsius. Ce dernier a supprimé complétement une des stations de l'Exode, et le désert de Sin : nous l'avons prouvé dans l'analyse de son ouvrage. Quand à M. Léon de Laborde, il le place dans les rochers écrits de Ouadi-Mokatteb, contrée dépourvue d'eau, ce qui est une opinion au moins singulière de la part d'un homme qui a fait un voyage sérieux dans la Péninsule du Sinaï.

Nous avons déjà donné une explication du mot *désert* tel que les anciens et les modernes l'ont compris. Quand Moïse a parlé de ses campements dans la solitude, il l'a fait avec une précision rare : et pour ceux qui sont bien reconnus, ceux pour lesquels toute discussion doit être bannie, tels que ceux d'Etham et de Shur, on sait que ce sont de vastes plaines, unies, sablonneuses, *planities, campus, desertum*. Or, M. de Laborde veut assimiler le désert à d'âpres défilés porphyriques, à des montagnes de granit, ce que nous ne saurions admettre.

Une autre preuve, et celle-là est encore plus convaincante, nous permet de détruire tous ces arguments plus que douteux. Moïse ne pouvait prendre cette route, route sans eau, et il ne la prit pas, parce qu'il aurait dû passer devant le camp des mineurs établi soit dans Ouadi-Cédré, soit dans Magarra, ou à la plaine des Quatre-Ouadi, devant Mokatteb. Il est maintenant bien avéré que les établissements de Ouadi-Magarra et de Sarabit-el-Kâdem, étaient bien antérieurs à Moïse : les nombreux monuments dont j'ai doté l'Europe savante, que j'ai moulés de mes mains à l'aide de mes inventions, sur ces pics presque inaccessibles, pour les reproduire ensuite en plâtre au Louvre, d'une manière identique, sont autant de preuves irréfragables. Ils attestent un art très-avancé, une civilisation remontant à une longue succession de siècles : et la beauté des hiéroglyphes, et le jeu des muscles si heureusement rendu sur ces précieux bas-reliefs, n'ont pas même été égalés sous la grande renaissance de l'art égyptien qui eut lieu après l'expulsion des Hycsos, dans les XVIIIe et XIXe dynastie, sous les règnes florissants des Thoutmès, des Rhamsès, Méïamoun (Sésostris) contemporains de Moïse, selon toute apparence, et de Séti Ier.

M. Léon de Laborde place Daphca dans l'Ouadi-Pharan, et Alus à El-Boueb (El-Bâb). Après avoir fait de Mokatteb le désert du Sin, il est certain que la station suivante, Daphca devait être sur le bord des eaux de cette ravissante oasis, si heureusement nommée par M. Lepsius, *le joyau de la Péninsule*. On a pu voir antérieurement les preuves que nous avons opposées à cette idée bizarre. Au sortir d'El-Bâb, on trouve Ouadi-Salaff (le Salef de M. de Laborde) et Ouadi El-Cheik qui va droit au couvent. Ouadi-Salaff possède une très-bonne source. M. de Laborde objecte que cette dernière vallée est si étroite et tellement encombrée de rochers que les Israélites n'auraient pu s'y frayer un chemin. Mon opinion est à ce sujet, diamétralement opposée à celle de M. de Laborde, que ses souvenirs ont mal servi. En venant de la contrée du Dyar-Frangui, j'ai campé dans Ouadi-Salaff, et j'ai parcouru trois fois cette vallée dans toute sa longueur; c'est une des plus belles et des plus larges de la Péninsule, riche en pâturages, et résidence favorite des Szaoualhât, tribu de mon Cheik; elle possède de fort belles inscriptions, en assez grand nombre, qui n'avaient pas encore été signalées, et, si M. de Laborde l'eut parcourue, il est à présumer qu'elles auraient été mentionnées sur ses cartes ou dans son livre.

Quant à Raphidim, laissons-le parler lui-même. « J'ai, dit-il, placé Raphidim dans Ouadi-Bouëb par deux raisons : 1° Cette vallée n'a point d'eau ; 2° elle se trouve sur la route du Sinaï, à une distance convenable du campement qui va suivre. »

En plaçant Raphidim à el-Bâb, M. de Laborde donnerait raison à M. Lepsius, à propos de son excentrique opinion sur le Serbal : et certes ce ne peut être qu'une méprise involontaire de sa part, lui qui s'est montré si plein de respect pour la tradition biblique, et si orthodoxe dans son livre; d'un autre côté, il n'y a pas, dans toute la Péninsule du Sinaï, une vallée connue sous le nom d'Ouadi-Bouëb. Après avoir parcouru sur tant de points cette contrée sainte et tant étudié la question depuis six ans dans une foule d'écrits, j'avoue avec humilité que ma peine est infinie en face de tant de contradictions..... Mais comme la vérité historique n'est pas là, nous sommes bien forcés d'aller la chercher ailleurs.

Nous avons dit que Moïse n'avait pu suivre cette route à travers le massif granitique de la Péninsule, à cause des établissements pharaoniques des mines de cuivre. A Magarra, sur l'*unique* chemin de Ouadi-Mokatteb, et tout près de ce lieu fameux, était très-probablement situé le camp des mineurs. Ces mineurs, fort nombreux d'après les traces laissées par eux dans la contrée, avaient des chefs ; ces chefs, vu l'importance de leurs fonctions, devaient occuper des établissements fixes : c'étaient des Egyptiens, des guerriers de la cour de Pharaon, et l'on sait que les Egyptiens étaient habitués au luxe des villes, à la somptuosité des palais. Eh bien ! selon nous, le chef suprême des établissements de Makfat, ne campait pas sous des tentes à la façon des Arabes : il résidait à Pharan dans la célèbre oasis. Selon toute probabilités, il y avait là, longtemps avant la migration de Moïse, une forteresse importante :

c'était l'endroit le plus proche où l'on pût trouver la sécurité, un abri, des eaux et des ombrages, précieuses ressources pour les grands seigneurs égyptiens relégués dans ce rude et triste exil; c'était là seulement qu'on aurait pu créer de magnifiques magasins, affectés à rececevoir et à conserver les provisions considérables, destinées à l'alimentation de la colonie des mines de cuivre, puisque ces expatriés se trouvaient au milieu d'une contrée de sable et de granit, et que toutes choses devaient être envoyées de la métropole. Ces raisons nous semblent puissantes; or les mines de Makfat étaient d'une telle importance pour l'Egypte; elles lui étaient si indispensables, que toutes les précautions possibles devaient avoir été prises, dès l'origine de la conquête par cet admirable gouvernement. Nul point de la Péninsule ne pourrait être mieux choisi, disons mieux *c'était le seul favorable*; il réunissait avec toutes les conditions de succès, le voisinage immédiat des mines. El-Bâb, cette coupure singulière dont nous avons donné le dessin, fermait la vallée au sud, et les Egyptiens, à l'aide de la plus mince fortification vers El-Hessué dans le nord, pouvaient défier toutes les incursions des Scénites, se trouvant ainsi naturellement retranchés dans une position inexpugnable. On peut croire que les longues caravanes chargées de vivres les prenaient à l'embouchure de Ouadi-Pharan, de préférence au Hâvre d'El-Markâ. La route était un peu plus longue, mais elles n'avaient point à franchir les âpres défilés de Nakb-el-Boudra, qui se trouvent sur la route de Mokatteb, par Ouadi-Magarra, et toute cette accumulation de subsistance se trouvait ainsi concentrée dans les mains du gouverneur de la colonie avec une sécurité encore plus précieuse là qu'ailleurs.

D'un autre côté on peut conjecturer sans trop d'invraisemblance que les Egyptiens alors maîtres absolus de la Péninsule du Sinaï et des contrées voisines employaient comme mineurs des arabes du voisinage : c'est une loi commune à tous les conquérants, à tous les peuples. Les arabes les plus rapprochés des établissements de Makfat étaient les Amalécites ; puisque de Sarabit-el-Kâdem, l'œil plonge sur la longue chaîne d'El-Tyeh, fermant Raml-el-Morak, comme un mur gigantesque, et l'on sait que là résidait cette race belliqueuse devenue célèbre par les récits de Moïse : peut-être même sont-ce les Amalécites, soldés par les Egyptiens, que les Israélites eurent à combattre au Sinaï. — Nous reviendrons plus tard sur cette conjecture.

Ces raisons, toutes nouvelles, plus conformes à la vérité historique, à la topographie, comme à la géographie positive, nous forcent à rejeter l'itinéraire de M. de Laborde, comme nous avons précédemment rejeté celui que M. Leipsius avait proposé.

Les Israélites demeurèrent quelque temps dans le désert de Sin : il y avait dans cette vaste plaine une grande abondance de pâturages, beaucoup de broussailles et de l'eau douce sur plusieurs points : ils y séjournèrent, d'après le récit de Moïse.

Le Gah-ès-Tour est dans ces parages le seul lieu qu'on puisse raisonnablement admettre pour le désert du Sin. C'est une plaine longue de plusieurs journées de marche allant du nord au sud, sur une largeur de vingt à trente kilomètres, bornée à l'ouest par la mer Rouge, qui voile une chaîne de collines, et à l'Orient par la chaîne du Farah-Tell : à l'embouchure de plusieurs ouadis qui coupent les montages, j'ai aperçu des palmiers, indice de sources. Après avoir épuisé les pâturages du désert de Sin, Moïse, selon nous, s'enfonça dans le massif granitique par Ouadi-Hébron (Vel-Habran).

Les commentateurs ne se sont pas bien rendu compte de ce qu'est l'existence des tribus du désert par rapport aux pâturages. Les Israélites étaient des pasteurs ; il ne faut pas l'oublier. On se souvient des conseils de Joseph à ses frères, en préparant leur présentation au Pharaon : « *Respondebitis : Viri pastores sumus, servi tui, ab infantiâ nostrâ usquè in præsens, et nos et patres nostri.* »

Nous sommes persuadés qu'ils firent comme font encore aujourd'hui les Bédouins : ils errèrent dans le désert de Sin, tant que leur nombreux bétail pût y vivre, et ils ne purent par conséquent, rester campés à la même place. Cette solitude différait beaucoup des autres stations, qui eurent lieu dans les défilés, dans des vallées étroites où le manque d'eau et de pâturages les empêchait de résider ; d'ailleurs là ils n'avaient plus la crainte des Egyptiens employés aux mines de cuivre, ce qui permit à Moïse d'y faire reposer la multitude harassée qu'il guidait. Après avoir épuisé la plaine, et le camp se trouvant toujours placé vers les montagnes, à proximité de l'eau, les Hébreux reprirent la vraie direction du Sinaï en montant vers Daphca. Cette conjecture est la seule plausible pour expliquer les distances franchies depuis la plage d'Abou-Zéméné, en venant d'Elim. Par là s'explique l'embarras des savants pour faire concorder le nombre des stations mentionnées dans l'Exode avec la topographie d'une contrée trop peu étudiée encore.

On a vu dans notre itinéraire, toutes les ressources et le charme qu'offre le défilé grandiose d'Hébron : il y a là des puits excellents, des palmiers et un délicieux ruisseau d'eau courante; d'ailleurs ce nom d'Hébron doit avoir une signification. Après toutes les misères que les Israélites avaient endurées depuis leur sortie d'Egypte, c'était le premier lieu agréable qu'ils rencontraient, ils trouvaient là plus de sécurité, des ombrages et de l'eau douce comme celle du Nil. Qui sait si ce n'est pas à la réunion de tous ces avantages, que cette Ouadi doit son nom d'Hébron, parce qu'elle avait une certaine analogie avec la vallée célèbre du pays de Chanaan que les fugitifs allaient chercher? C'est encore une conjecture, je le sais, mais elle s'est présentée à mon esprit sur les lieux mêmes quand je recherchais avec tant d'ardeur la trace de Moïse.

C'est dans la partie supérieure de Ouadi-Hébron, vers les puits que nous plaçons Daphca.

Une marche les conduisit à la station d'Alus. Selon nous ils vinrent par la contrée du Dyar-Frangui (Dar-è-Frangi) descendirent dans Ouadi-Salaff, qu'ils remontèrent brusquement vers l'Orient, route directe du mont Sinaï ; dans la partie est, une heure avant la fin de cette vallée, elle prend des proportions considérables, et elle offre d'abondants pâturages : c'est la résidence favorite de la tribu des Szoualhât, qui a une certaine importance. Des puits d'Hébron, il y a environ cinq heures et demie de marche ; nous y plaçons Alus.

De ce point déterminé d'Alus à l'extrémité du grand plateau de Raha, au pied même de l'Horeb, il y a moins de cinq heures de marche ; or, Raha, pour nous qui avons si minutieusement étudié ce pays et la question biblique, c'est Raphidim, cette plaine, descendant en plan légèrement incliné vers le massif porphyrique, aux trois sommets de l'Horeb, du Djebel-Catherine, et du Djebel-Mousa, pouvait parfaitement contenir la multitude guidée par Moïse, et de son camp, assis à quelque distance dans l'ouest, elle pouvait assister tout entière aux miracles signalés dans l'Exode. C'est là, à quinze ou vingt minutes, que l'eau jaillit du rocher. C'est là, en face, à l'extrémité de Raha, que se trouve le tronçon de vallée nommée par les arabes Ouadi-Schoaïb (la vallée de Jethro); là encore, dans Ouadi-el-Ledja, cette coupure qui sépare l'Horeb du Djebel-Catherine, coule à cette heure un filet d'eau fraîche et délicieuse, emprisonné dans une rainure de granit. Après avoir servi à l'irrigation d'un jardin d'arbres fruitiers, le trop plein vient alimenter un des réservoirs du couvent, et ce filet d'eau, si précieux dans cette région de grès et de porphyre, est, selon toute apparence, la source de Moïse.

Il est presque indubitable que dans l'antiquité, le massif célèbre de la contrée d'Horeb, bien qu'il ait trois pitons très-distincts, n'était désigné que par le nom générique de Sinaï; c'est aussi l'opinion de Wellste, de Robinson, et de Karl Ritter : en les scindant, selon les idées modernes, tout sera confusion, et il deviendra impossible aux commentateurs les plus érudits et les plus habiles, de retrouver le campement de Raphidim.

Ritter, citant le journal de Strauss, pense que les Israélites étaient campés dans la vallée de Sébaye. Cette ouadi part de la pointe de Raha et va du sud au nord pour rejoindre la grande Ouadi-el-Cheick ; mais nous ferons observer que de Sébaye, on ne voit pas plus le piton du Sinaï que de Raha ; ce n'est qu'en prenant la direction sud-est, en allant vers le golfe Elanitique qu'on l'aperçoit de Ouadi-Maklafah, dans toute son imposante majesté.

Si, comme cela est probable, tout le massif s'appelait Sinaï, au temps de Moïse, les difficultés disparaissent. L'Horeb faisant partie de la masse du Sinaï, c'est là qu'eurent lieu les miraculeux événements de l'Exode : l'Horeb allonge ses croupes roses et colossales en face de Raha, qui s'élève au couchant comme un merveilleux amphithéâtre. Moïse place là sur un des escarpements et non sur le sommet, *eras ego stabo in vertice collis*, dominait toute cette multitude indisciplinée pour qui chaque jour était un jour de révolte et d'insulte envers Dieu qui la protégeait si visiblement dans cette fuite extraordinaire.

Ce nom de vallée de Jethro (Ouadi-Schoaïb) conservé par les Arabes en face de l'Horeb, qui se présentait tout d'abord aux Scénites, venant de Madian, la grande plaine de Raha (Raphidim), couronnée par l'Horeb, la source du rocher d'El-Ledja, coulant à l'extrémité sud-est de Raphidim, à un quart d'heure du camp d'Israël, tout ce grand ensemble de faits miraculeux, merveilleux, de noms si pleins de prestige, sont pour nous, après l'examen le plus attentif, autant de preuves irréfragables, et nous ne pouvons que remercier nos devanciers de nous avoir laissé une moisson si riche.

Sans vouloir nous appuyer de l'autorité du Coran pour donner plus de force encore à nos arguments, il nous semble utile cependant, au point de vue de la topographie, de citer les paroles suivantes de Mahomet, qui connaissait parfaitement la contrée, puisqu'il avait plusieurs fois visité le Sinaï, dansle VIe siècle, alors que les traditions devaient encore subsister avec toute leur puissance. Bien qu'elle vienne d'un faux prophète, cette opinion n'en a pas moins de valeur.

« Et quand il fut à l'endroit du feu, une voix lui cria, *du côté droit de la vallée*, dans la plaine bénie, du fond d'un buisson : O Moïse ! je suis le Dieu, maître de l'Univers ! » (Coran ch. XXVIII, sourate 30) — « Tu n'étais pas, ô

Mohammed! *du côté occidental* du mont Sinaï quand nous réglâmes la mission de Moïse. » Ibid : sourate 44).

Or comme Moïse arrivait de Madian par Ouadi-Sébaye, qu'il se trouvait alors dans Ouadi-Schoaïb, ayant à sa droite, au sud, l'Horeb, à l'occident la plaine de Raha, qui lui fait face, tout cela vient encore une fois corroborer nos inductions et nous prouver que le piton désigné aujourd'hui sous le nom d'Horeb, s'appelait alors indistinctement Horeb et Sinaï, puisqu'il faisait partie de la montagne de Dieu, et que c'est ce piton célèbre qui fut le témoin de la défaite des Amalécites et de plusieurs autres miracles signalés dans l'Exode.

En ce qui concerne Amalec, l'Exode dit qu'il vint combattre les Israélites campés à Raphidim. *Venit autem Amalec; et pugnabat contrà Israël in Raphidim.* Le gouverneur de Makfat, résidant à Pharan, avait fini sans doute par être instruit de la fuite de Moïse, des désastres du Pharaon son maître, et de la présence de ces ennemis redoutables en Horeb, à quelques heures de sa riante oasis ; usant de prévoyance, il espère surprendre Moïse, l'anéantir avec toute la race d'Israël, venger l'Egypte et assurer sa propre sécurité. Nous supposons qu'il rassembla non-seulement les Amalécites employés aux mines de Magarra, mais encore que sans combattre lui-même, il soudoya la grande tribu amalécite d'El-Tyeh, en lui montrant pour appât l'extermination d'un peuple méprisé, naguère esclave, et les trésors emportés de la vallée du Nil, par ce peuple. Tout cela est nouveau sans doute, mais très-plausible, si l'on songe surtout à l'établissement égyptien des mines de cuivre, bien antérieur à Moïse, et si l'on tient compte des idées que nous avons précédemment développées.

Et maintenant notre tâche est accomplie au sujet des marches de Moïse; nous dirons comme le savant Ritter, qu'au-delà du couvent du Sinaï, tout est hypothétique, tout est *terra incognito.* Ce n'est pas l'opinion de M. de Laborde qui ne voit de difficultés qu'entre Rhetma et Cadès-Barné : mais une affirmation sans discussion et sans preuves est de nulle valeur pour nous.

Si cet itinéraire, écrit d'après des vues toutes nouvelles, soulève des contradictions, nous répondrons, que nous avons parcouru pied à pièd *possibles*, cette fois : nous croyons même pouvoir affirmer que toutes sont *retrouvées* jusqu'au Sinaï; ce sont de petites journées de marche, coïncidant d'une manière parfaite avec les distances reconnues, acceptées par tous indistinctement (nous voulons parler des trois marches à travers le désert de Sour). Cet itinéraire est en outre conforme à la géographie positive, aussi bien qu'à la géographie de la Bible, à la vérité des faits comme à la tradition. Nous avons relevé nos marches jour par jour, heure par heure, et comme nous donnerons ces relèvements à la fin de cet ouvrage; les savants pourront juger par eux-mêmes des bases de nos recherches et de l'exactitude de nos déductions.

En traçant ainsi l'itinéraire des Israélites par le Gah-ès-Tour (le désert de Sin), et en insistant sur les craintes que Moïse devait ressentir du voisinage de la colonie Egypto-Amalécite du pays de Makfat, nous croyons avoir concilié les probabilités historiques avec l'autorité des livres saints sans nier ce qu'il y a de miraculeux dans cette marche célèbre : mais dans l'impossibilité absolue où nous sommes d'admettre le chiffre de six cent mille combattants mentionnés dans l'Exode et les Nombres, nous allons essayer de le discuter.

Ces six cent mille hommes en état de porter les armes, auxquelles s'adjoignirent tant de femmes, de vieillards, d'enfants et probablements d'esclaves syriens, arabes et de vagabonds égyptiens, désireux de l'inconnu, supposent une population immense, quelque chose comme deux millions cinq cent mille ou trois millions d'humains. Les Israélites traînaient à leur suite, on peut le présumer, au moins un nombre égal d'animaux ; *Oves et armenta, et animantia diversi generis multa nimis* (Exode, cap. XII, v. 38). Or, malgré le grand respect que nous professons pour la Bible, et toutes les preuves que nous en avons données dans le cours de cet ouvrage, cela nous paraît inadmissible.

La configuration géologique de la Péninsule du Sinaï n'a pas changé depuis les temps historiques : cela est indubitable. C'est un énorme massif granitique de l'est au sud, et calcaire dans son extrémité nord-ouest, vers le golfe de Suez ; il n'y a donc jamais eu là de terre végétale, ni d'eaux abondantes, par conséquent peu de pâturages et nulles ressources pour alimenter de grandes multitudes. Nous avons cherché avec un zèle aussi religieux que minutieux, les campements du grand mandataire de Dieu ; nous avons retrouvé les puits, les sources où les Israélites s'abreuvèrent.

La fuite de Moïse est miraculeuse : C'est un article de foi que nous admettons sans réserve : que tout chrétien doit admettre ; pour l'opérer dans des conditions pareilles, il a fallu la science humaine la plus profonde, jointe à la grande protection du Ciel. Nul n'en est plus pénétré que nous qui avons tant parcouru ces contrées désolées, mais il ne faut pas exiger des miracles où Dieu n'a pas voulu en faire ; et le récit de l'Exode, tel que les Septante nous l'ont transmis, me paraît, sur ce point, avoir subi des altérations.

Au point de vue seulement de l'alimentation des troupeaux d'Israël, la Péninsule n'y pouvait suffire ; mais si l'on songe au volume d'eau nécessaire chaque jour à l'abreuvement de cinq à six millions de gens et de bêtes, on verra combien est grande l'impossibilité. Dieu, nous ne l'ignorons pas, avait pourvu par les cailles et la manne, à la nourriture de son peuple. Dieu est la toute puissance incréée et infinie. Dieu envoie à son gré l'affliction, la joie et l'abondance. En donnant la manne aux Israélites au plus fort de leur détresse, il faisait en leur faveur un nouveau miracle que Moïse nous décrit longuement dans son récit sublime, tandis qu'il parle des puits et des sources comme de choses certaines et non miraculeuses, si l'on en excepte le rocher de l'Horeb. Eh bien! nous avons vu l'Aïoun-Mousâ, le puits amer de Mara, les fontaines d'Elim, les sources d'Ouerguié, les puits et le faible ruisseau d'Hébron, celui de Faran, la fontaine de Salaff, la source de l'Horeb. Le volume des eaux doit être le même qu'au temps de Moïse et que dans les temps antérieurs, et nous persistons à penser que ces eaux étaient insuffisantes pour étancher la soif d'une multitude cent fois moindre que celle mentionnée dans l'Exode.

V

VOYAGE A DABAH, L'ANCIENNE MADIAN.

En quittant mon campement de Raphidim, au pied de l'Horeb, je me dirigeai, par Ouadi-Sébaye, que je laissai, après une courte marche en avant du tombeau de Cheick-Saleh. Ce Cheick a laissé une haute réputation de sainteté parmi les tribus du désert ; sa tombe est très-vénérée, et une foule d'objets plus ou moins précieux, suspendus au-dessus de sa dépouille mortelle, attestent le pieux souvenir des Bédouins. Ce tombeau est l'objet d'un pèlerinage célèbre. Au mois de juin, les Arabes y accourent de toutes les parties de la Péninsule, et même du désert d'El-Tyeh, pour s'y livrer à de grandes réjouissances ; c'est aussi une foire qui attire bon nombre de pillards en ces parages, et plus d'une fois ils ont fait trembler les pauvres moines de Sainte-Catherine.

Je repris ma route à l'Est-Sud. Successivement je parcourus les ouadis Maklafah ou Marzafah, et Sanett ou Senett. Cette dernière, large et nue, aboutit à une plaine immense située à l'orient du groupe des montagnes du Sinaï et de l'Horeb. Sa renommée est grande chez les Arabes pour la quantité de gazelles qui s'y trouvent. Je ne fus pas assez favorisé pour en voir, et l'aridité de cette contrée me fit présumer que ce gibier délicieux n'est pas aussi abondant que le prétendent les Bédouins. Pendant que je traversais cette plaine du Sanett, j'avais à ma droite la masse énorme du Djébel-Mouza, que rien ne dérobait plus à mes regards. C'est seulement de ce point et du sud en venant de Cherm au couvent, qu'on peut l'apercevoir; le soleil qui commençait à l'inonder de lumière, faisait admirablement ressortir, sur l'azur profond du ciel, sa cîme puissante et violacée. Quand le temps est gris, la montagne semble accroître encore en proportions gigantesques; ses flancs deviennent noirs, et malgré soi on éprouve en la contemplant une admiration à laquelle vient se joindre la terreur.

Le lendemain j'arrivai à une vallée magnifique, défendue par une espèce de porte de granit naturelle connue sous le nom de Bab-el-Zakhara. C'est la route la meilleure et la plus directe pour gagner le golfe Elanitique, et j'ai de fortes présomptions pour croire qu'elle devait être la grande voie suivie dans l'antiquité pour aller du golfe Héroopolite par le Sinaï en Madian, et plus tard chez les Nabathéens. Le sol de cette vallée s'abaisse en pentes si douces, les courbes sont si élégantes, le sable si uni qu'on croirait voyager sur une route tracée par le plus habile des ingénieurs européens, si la solitude profonde dont on est entouré, ne rappelait à chaque pas que l'on se trouve au désert, en pleine barbarie. Là, je rencontrai cependant deux Mezéïns portant de longs fusils à mèche; ils étaient hâves, chétifs, et leurs regards farouches s'arrêtèrent sur moi avec une curiosité mêlée de convoitise.

A mesure qu'on descend, les crêtes des montagnes se couvrent de pierrailles, puis elles s'arrondissent, deviennent insignifiantes jusqu'au moment où l'on perd de vue la masse gigantesque du Sinaï; alors les remparts de la vallée prennent des proportions colossales; puis commence le plus merveilleux défilé de granit qui existe probablement sur le globe.

Deux jours après mon départ du Sinaï, j'arrivai au golfe Elanitique. Je visitai l'oasis de Dahab, qui me parut un jardin enchanteur après les solitudes affreuses dans lesquelles j'errais depuis un mois. Il y a là de nombreux palmiers d'une belle végétation, quoique les plus élevés ne dépassent point une hauteur de vingt-cinq à trente pieds.

En face du puits de Dabah, de l'autre côté du golfe Elanitique, dont la largeur ne m'a guère paru excéder quatre ou cinq lieues, existent les ruines d'une ville antique, visitée par Rüppel et par Fresnel, alors consul de France à Djedda. Ils en ont fait la Madian de la Bible, ce que je crois contraire à la vérité. J'avais un grand désir de la visiter, mais ce long golfe est désert, et nulle barque ne sillonne ses ondes d'un bleu profond et magnifique.

C'est à Dabah que je placerai plus convenablement la Madian de la Bible, patrie de Jethro, beau-père de Moïse, dont il conduisait les troupeaux jusqu'en Horeb. En plaçant Madian au-delà du golfe, il n'y a pas de raison de faire faire un mois de marche à un conducteur de troupeaux, pour qu'il vienne les faire paître en Horeb. L'Horeb est encore aujourd'hui la limite des pâturages des Mezéïns, qui ont succédé aux Madianites ; je conjecture même que ce sont leurs descendants.

Voici une autre preuve : à l'embouchure de Ouadi-Zakhara, vers l'extrémité de ces larges roches dénudées que Burkhardt a prises à tort pour une voie pavée, tout près de l'oasis, existe un puits abondant d'eau excellente, ayant une profondeur d'environ cinq mètres ; sa maçonnerie m'a paru remonter à une haute antiquité.

Les autres puits sont à un ou deux kilomètres dans l'est-nord, en allant vers Nouyba. Eh bien ! selon nous, c'est à ce même puits que Moïse rencontra les filles de Jethro. Il arrivait à Madian par Ouadi-Zakhara, fuyant de Tanis par la voie la plus directe ; il le trouvait infailliblement ; ce puits était sur son chemin ; il ne pouvait le manquer ; c'est le premier que l'on rencontre en venant de l'Horeb, en venant de l'Egypte, puisqu'il se trouve à l'extrémité de la longue vallée, et à peu de distance de la Mer Rouge.

En outre, ce puits touchait à l'oasis même où devait se trouver l'établissement fixe des Madianites et la demeure de Jethro ; il coïncide merveilleusement avec le récit de l'Exode, si plein de couleur et de charme ; il aplanit par sa position toutes les difficultés de la question tant débattue jusqu'à nos jours, et restée obscure malgré l'opiniâtreté des recherches de tant de savants si justement célèbres. Nous nous sommes assis sur la margelle de ce puits ; nous y sommes venus directement de Horeb, et il ne reste pas le plus léger doute dans notre esprit.

VI

RETOUR A TRAVERS LA PÉNINSULE

Le 11 mars 1850, je quittai l'oasis de Dahab pour remonter à l'est, dans la direction d'Akabah, en suivant constamment les grèves de la mer. A trois kilomètres de l'oasis, je trouvai un puits abondant dont l'eau était meilleure encore que celle de Dabah, et plus loin quelques centaines de beaux palmiers. Là je rencontrai deux Mézéïns à demi-nus, occupés à pêcher une espèce de poisson fort curieux, ressemblant à des intestins de volailles ; ils vinrent m'en offrir, me vantant sa délicatesse avec toute la loquacité arabe : mais je les remerciai, ne pouvant vaincre la répugnance qu'il m'inspirait. La route que je suivais est parfois d'un accès difficile : on est forcé d'escalader des falaises peu élevées, mais abruptes ; il y a plusieurs éboulements de rochers qui rendent le passage dangereux, et à diverses reprises nous dûmes marcher dans la mer.

Le soir, je fis halte à l'embouchure d'une grande Ouadi inconnue qui monte droit au nord.

Là, point d'inscriptions, nulle ruine, mais en revanche, on y trouve les plus riches madrépores colorés, et les plus admirables coquilles des mers orientales. J'en recueillis une collection assez volumineuse, mais bientôt il me fallut en abandonner une partie, à cause de l'embarras que cela me causait. Un héron blanc merveilleux (balachon), une espèce d'aigrette fort rare pêchait comme nous arrivions au campement : je le tuai au moment où il reprenait son vol, ce qui provoqua de grands cris d'admiration de la part des Bédouins, dont le tir n'est redoutable qu'autant qu'ils ajustent longtemps un objet immobile. — Je le dépouillai avec soin, afin d'en orner le cabinet d'un naturaliste. L'estomac était très-charnu, mais la viande avait une odeur de poisson très-désagréable. Pendant cinq jours que je suis resté dans le golfe Elanitique, c'est le seul oiseau que j'aie vu. — On dirait que rien n'y peut vivre. Je crois aussi que le poisson est rare dans ce bras de mer, quoiqu'en aient dit plusieurs voyageurs : car, à deux reprises différentes, j'ai voulu y faire pêcher et le Mézéïn et le Therrabynn employés par moi ne m'ont rapporté que trois ou quatre misérables petites espèces. Il est vrai de dire que cela tenait peut-être à leurs mauvais engins ou à leur inhabileté, puisque Burchardt dit quelque part qu'il y a beaucoup de poissons du genre du turbot. Les coquillages, par contre, y sont d'une abondance prodigieuse.

Après une marche de neuf à dix heures, j'arrivai à l'oasis de Noueyba, qui est bien plus belle et plus grande que celle de Dahab : il y a là un puits solidement maçonné, qui doit dater des temps antiques. Noueyba était désert depuis longtemps ; les palmiers attestaient un long abandon, et les clôtures des jardins avaient été détruites par un ouragan. Je fis déblayer le sol dans un cercle de beaux arbres, au bord de la mer Rouge, et l'on y dressa ma tente. Là, dans cette Arabie Pétrée, si riche de grands souvenirs, mais presque partout si stérile et si attristante, c'était, par cette chaude soirée, un site enchanteur et plein de poésie.

A l'ouest, les derniers gradins du Djebel-Hadra fermaient l'horizon de la plaine montueuse de Hameïd, et se continuaient dans l'ouest-nord, jusqu'à la chaîne magnifique des monts Hellel ; en face, au sud et à l'est, j'apercevais, par-dessous l'élégant parasol des palmiers et des cédès, tout le développement du golfe Elanitique, encaissé dans les crêtes du Dar-el-Hamar et de Magâïr, toutes roses avec de gigantesques ombres de lapis-lazuli. Une vapeur légère, transparente, flottait sur ces premières arêtes du Hedjaz, et donnait à cette nature aride un charme indéfinissable. C'était magique à voir!... J'aurais bien voulu rester quelques jours à contempler ces sites étranges, afin de les reproduire par la peinture, puis prendre un repos dont j'avais tant besoin; mais j'étais seul, la voix impérieuse du devoir me criait de marcher sans cesse, et d'un autre côté, j'étais cruellement attristé de cette solitude profonde au milieu de quatre barbares, solitude qui n'était troublée que par le bruit régulier, monotone et cadencé du flot qui venait en murmurant expirer à mes pieds.

Après une rapide marche de quarante-six minutes au nord de l'oasis, à travers cette plaine montueuse semée de pierrailles, nommée Haméïd par les Arabes, j'arrivai aux premiers gradins de la chaîne d'Hadra : tous ces gradins étaient littéralement couverts de monuments funéraires édifiés en bloc de grès rouge ou de granit non taillés, mais cependant choisis de façon à offrir une grande régularité. J'en mesurai plusieurs : tous avaient invariablement la même forme, le même appareil et quarante pas de circonférence. Le Cheick Saleh, qui me suivait à quelque distance, s'écria en me rejoignant : *Dyar Frangui !* En effet, suivant la tradition bédouine, comme je l'appris plus tard, ce sont encore des *tombeaux* d'Européens, mais cette tradition est fausse, et la science doit aller ailleurs chercher la vérité. Ce qu'il y a d'évident pour nous, c'est que ces dyars sont des monuments funéraires remontant à une haute antiquité.

En interrogeant les vieillards de toutes les tribus de la Péninsule Pétrée, ils n'avaient qu'un mot : *Zémân*, *zémân*, *zémân*, ce qui, selon eux, est le *nec plus ultrà* de l'antiquité. De prime-abord, je pensai que ces nécropoles disséminées dans certaines parties de la presqu'île, étaient l'œuvre des vieilles générations arabes; mais les Bédouins ont une tradition qui repousse formellement cette idée (et l'on sait, depuis la Bible, avec quelle ferveur les Scénites conservent toute tradition); ces dyars ont été édifiés par d'autres races venues là dans les temps antiques, et les pères de leurs pères leur ont dit ce qu'ils transmettent à leurs petits fils.

Une chose digne d'être remarquée et examinée par les savants, est l'absence de toute inscription dans le pays des écritures par excellence. Cependant la pierre formant linteau au-dessus de l'étroite ouverture du monument, est toujours plate, comme si elle fut taillée, et aurait pu recevoir une ou plusieurs lignes de caractères. L'écriture était-elle inconnue aux peuples qui élevèrent ces tombeaux, ou les élevèrent-ils à la suite de combats sanglants et dans des marches rapides ressemblant à une fuite ? Tels sont les problèmes à résoudre.

Plus tard, en remontant vers le nord-ouest, je trouvai, dans le Djebel-Zellha, une nécropole semblable à celle d'Haméïd, mais moins considérable. Sur le tombeau le mieux conservé, au milieu de la pierre du couronnement, j'aperçus quelques signes très frustes, qui me parurent être des caractères Samaritains. Etaient-ce en effet des caractères ou un jeu de la nature sur cette pierre posée là depuis tant de siècles ? L'avenir nous le dira, car je moulai ce curieux indice qu'il m'a été impossible d'étudier depuis, perdu qu'il est dans l'immense collection de creux rapportés par moi.

Il y aurait peut-être de la témérité à vouloir

faire remonter ces monuments d'un art si primitif aux Hébreux et pourtant cela n'a rien d'impossible. L'entrée de chaque tombeau rappelle, par sa forme sur une mince échelle il est vrai, le style architectonique des pylônes égyptiens, ce qui peut donner quelque créance à ma supposition : leur appareil grossier, dénué de ciment, porte cependant avec lui un grand caractère de solidité, chose encore empruntée à l'Egypte.

On m'objectera, sans doute, certains passages des anciens au sujet des sépultures des Hébreux ; on prétend qu'ils pratiquaient des excavations dans les rochers pour y déposer leurs morts : le grand prophète Jérémie dit positivement qu'ils embaumaient les riches, autre coutume prise à l'Egypte. L'abbé Fleury, dans son livre sur les mœurs des Israélites, s'exprime ainsi : « Ils les mettaient dans des sépulcres qui étaient de petits caveaux ou des cabinets taillés dans les rochers avec un tel artifice, que quelques-uns avaient des portes fermantes, et tournant sur leurs gonds taillés de la même pièce ; on en voit encore plusieurs ; chacun avait une table de la même pierre sur laquelle on posait le corps. »

Lorsque leurs tombeaux étaient en plein champ, dit un auteur, ils mettaient dessus une pierre taillée pour avertir qu'il y avait dessous un cadavre, afin que les passants ne se souillassent pas en y touchant.

Tous ces renseignements semblent fortifier notre opinion au lieu de la contredire. Les Dyàr-Frangui, contrairement aux usages des Bédouins, des Turcs, des Arabes et des Persans, qui enterrent leurs morts dans leurs jardins, dans les villes, au coin des rues et jusqu'au milieu des chemins, sont toujours à quelque distance des routes, et le plus souvent ils couronnent des rochers escarpés : n'y avait-il pas un but dans cette pratique générale? n'était-ce pas pour éviter le contact impur des tombeaux, cette souillure dont parlent les livres saints?

Quant à l'objection des caveaux creusés dans les rochers, ainsi que nous le voyons pour la sépulture d'Abraham, elle est facile à détruire. La présence des Israélites dans la presqu'île Sinaïtique était un évènement fortuit : pour eux c'était un *passage*, rien de plus ; et d'ailleurs il est plus que douteux qu'ils eussent à leur disposition les outils nécessaires pour perforer le granit. Les Hébreux, nous dira-t-on encore, étaient employés aux grands travaux publics des Egyptiens, et leur habileté devait être grande comme tailleurs de pierres : oui, sans doute, ils étaient employés par leurs maîtres dans la vallée du Nil : c'est un fait attesté par la Bible ; ils étaient écrasés par le travail, mais par le travail de la brute, et non celui de l'homme intelligent ; puis on ne doit pas perdre de vue qu'ils étaient en quelque sorte concentrés dans le Delta, où le grès, le calcaire et le granit manquent. Leur métier était de servir des bâtisseurs et de pétrir ces briques crues, qu'employait à profusion toute l'architecture civile et même l'architecture religieuse pour les demeures profondes des morts, ainsi qu'on le voit dans la contrée où fut Memphis à Abousir, à Saccara, dans ces puits effrayants dont les parois sont toutes en briques crues. Le granit venait de la Haute-Egypte et il n'est pas supposable que la classe sacerdotale si puissante et si imbue de préjugés religieux, eut voulu confier à une race esclave, une race inférieure selon eux, une race ennemie enfin, le soin de préparer ces blocs superbes couverts de bas-reliefs, et d'inscriptions magnifiques en l'honneur de leurs dieux, de leurs héros, de leurs rois, qui excitent encore notre admiration après quarante siècles. L'art était entre les mains des Egyptiens et non des Hébreux.

L'impossibilité du temps, d'une part, de l'autre, l'inhabileté, le manque d'outils et la peine infinie, les auront donc empêchés de creuser des caveaux sur une terre étrangère; ils se seront contentés d'élever ces cônes en forme de Pyramide parce que c'était l'affaire d'un instant, pour une assistance nombreuse dans une contrée tellement encombrée de pierres, qu'elle en a reçu son nom si caractéristique; le milieu de ces cônes était vide; une petite porte y accédait et le couronnement de ses sépultures était formé par une large pierre plate; c'était d'ordinaire un éclat de grès d'un grain fin, ayant toute l'apparence d'un bloc taillé, ce qui n'est pas plus rare, dans l'Arabie Pétrée, que les bancs de galets dans notre Normandie.

Je fis fouiller deux de ces dyars; les plus rapprochés d'un enchour superbe (grand arbuste) qui se trouve là isolé. Quand le caveau se trouva déblayé des pierres détachées des parois, je trouvai le roc vif, ce qui ferait supposer que la race, pour qui ces singuliers monuments furent édifiés, brûlait ses morts ou déposait simplement les corps dans le caveau, sur la pierre. L'ouverture était généralement à l'Orient, ou plutôt si je ne me trompe, elle était toujours dans cette direction. Quelques recherches que j'aie faites, il m'a été impossible de trouver la plus légère indication, le plus mince débris de poterie.

Après avoir parcouru en tous sens cette nécropole et le ban granitique de la montagne qui la couronne, pour essayer de découvrir quelques inscriptions, je remontai dans la direction d'Ackabah; j'avais le plus vif désir de faire une pointe dans le pays des Halaouïns, chose peu facile alors, parce qu'il m'eut fallu abandonner Saleh et ses compagnons. J'étais fort indécis. Un bédouin que nous rencontrâmes, fit cesser mes irrésolutions. J'appris par lui que Hussein était en guerre avec tous les siens, et que la route de Petra par Ackabah, était de nouveau fermée. Prenant aussitôt une détermination, nous remontâmes vers l'ouest et je rentrai dans la contrée Alpestre par la grande Ouadi-Outir, échue en partage aux arabes Aleygat. Il me restait à visiter la si curieuse nécropole Egyptienne de Sarabit-el-Kadem, découverte par Niebühr en 1761. Je relevai par mon procédé, les monuments remarquables de cette nécropole. Malheureusement elle a subi de telles mutilations, qu'on a peine à s'y reconnaître. Les momies ont disparu, les bas-reliefs sont brisés, et presque toutes les stèles jetées à terre. Après avoir résisté aux ravages du temps plusieurs millions d'années, un demi-siècle suffira aux européens pour en faire disparaître tout vestige.

J'allai ensuite camper de nouveau sous les beaux palmiers d'Ousit, l'Elim des Hébreux.

Avec quelle ardeur, malgré mes souffrances, et quel contentement je franchis les trois grandes étapes qui séparent Ousit de Suez ! Comme je comptais les heures, même les minutes ! J'arrivais malade, brisé par la fatigue, mes provisions épuisées, manquant de tout, mes vêtements en lambeaux, mes chaussures à peine fixées à mes pieds par des lanières de cuir de chameau; néanmoins j'étais heureux, j'arrivais ! j'avais fait une récolte immense, inespérée : je possédais des trésors d'art et de science arrachés au désert, à l'incurie des barbares, et je voyais tout cela sauvé ; puis j'allais retrouver des soins, la sécurité, des amis de la veille, mais des amis, des lettres de la patrie, de ceux qui me sont si chers, et de l'inappréciable bienfait de la civilisation.

J'arrivai à Suez vers le milieu du jour. Il était temps ! je n'aurais pas résisté davantage à de pareils labeurs ; je venais de faire quarante journées de marches forcées sur un abominable chameau, sans repos, presque sans sommeil et à cela il faut ajouter une razzia d'environ 700 monuments, stèles, bas-reliefs et inscriptions.

Le surlendemain, je regagnai le Caire.

Je fis souder ma moisson immense dans une caisse de fer, et repris la voie du Nil pour me rendre à Alexandrie.

Deux semaines après, j'arrivais à Paris avec tous mes trésors. Mon absence avait duré quatre mois et trois jours.

VII

ARABES DE LA PÉNINSULE.

Avant de traiter la question philologique il nous a paru convenable de faire connaître sommairement certaines particularités concernant les Arabes qui ont échappé à Burckart et à ceux qui nous ont précédé, sur cette terre biblique.

La Péninsule arabique du Sinaï est habité par

cinq tribus mères, connues sous les noms suivants :

Szaoualhât
Therrabynn
Mezéinn
Aleygat
Leyléonat

Ils se nomment entre eux *Bédaouï-ès-Tour* (les bédouins de la contrée de Tor) et les cheicks des quatre dernières tribus relèvent de droit du cheick des Szaouâlhât, qui est héréditaire.

Les bédouines du Sinaï ne soulèvent jamais leur voile en présence d'un étranger, bien différentes en cela, des femmes de la Mésopotamie, de la Chaldée et de l'Arabie déserte. Dans leur jeunesse, elles ont de la beauté, grandes, nerveuses, sveltes, leur taille s'accroît encore par la mode étrange adoptée pour leur chevelure dont elles font une tresse vigoureusement serrée, pour la ramener ensuite sur le sommet de la tête en forme de corne. Tout cela est oint de beurre avec une libéralité infinie, ce qui leur donne une forte odeur de bétail et y fait pulluler la vermine. En général les femmes asiatiques, quelque soit leur rang, manquent de propreté.

La polygamie est en usage chez les hommes de ces peuplades. Mais s'ils imitent cette coutume des musulmans, je les crois sans religion aucune. Jamais ils n'invoquent Dieu ; et mon cuisinier égyptien, dévot sunnite, leur faisait un jour le reproche de ce qu'ils ne priaient ni Allah ni Mahomet, reçut d'eux cette réponse : — A quoi cela sert-il? nous faisons comme nos pères.

Du reste il n'y a point de Mollahs dans toutes les tribus que j'ai visitées et nul ne sait lire l'arabe. Leur tolérance à l'égard des étrangers est sans bornes, et le premier venu pourrait s'établir au milieu d'eux sans exciter la moindre défiance. Mon Cheick m'avait pris en si grande affection, qu'il me tourmentait chaque jour pour venir résider dans Ouadi-Salaff. — Tu épouseras ma mère qui est veuve, me disait-il (et cet homme avait alors plus de quarante ans, ce qui peut donner une juste idée des charmes de la bédouine); tu achèteras quatre ou cinq chameaux, et nous irons faire les voyages de Misr (le Caire), puis nous partagerons l'argent, tandis que tu vivras en émir dans la tribu. Toutes ces séductions ne purent malheureusement me convaincre, et je donnai l'ordre de continuer la route, au grand regret de ce bon et loyal scénite.

Saleh avait deux femmes qui vivaient avec sa mère sous la même tente, où la concorde paraissait régner médiocrement, nous devons l'avouer, car nous en fûmes témoins, et cependant il en recherchait une troisième, de la tribut des Mezéïnn, dans la contrée de Dahab.

Les bédouins de la presqu'île sinaïtique n'ont pas d'existence politique; pauvres, peu nombreux, quoiqu'on ait dit, confinés entre deux longs golfes et le désert de Syrie, ils sont à l'abri de toute invasion. Sous le pouvoir fort de Mohammed-Ali, ils étaient de fait sous la domination de l'Egypte; mais depuis l'avénement d'Abbas-Pacha, ils se sont retournés vers l'empereur Abdul-Medjid, leur sultan légitime.

Leur pauvreté est extrême et contrairement aux usages des scénites, ils doivent avoir recours à de certaines industries pour vivre; leurs troupeaux étant en petit nombre par suite de la rareté des eaux et des pâturages dans cette contrée de sable et de granit. Quand vient l'hiver, les hommes les plus vaillants et les plus intelligents des cinq tribus prennent la route de l'Egypte avec leurs chameaux chargés de charbon et de petites meules de grès rouge, destinées à moudre le blé ou le dourah. Dans les villages, chaque hutte de fellah a la sienne; et matin et soir on voit les vieilles femmes préparer la quantité de farine nécessaire à chaque repas.

Depuis l'établissement des steamers de l'Inde, le sort des bédouins du Sinaï s'est beaucoup amélioréе. Ils sont chargés de transporter au Caire et *vice versâ*, les bagages des voyageurs ainsi que les approvisionnements, ce qui leur procure de larges bénéfices; puis quand la récolte du café est abondante dans l'Yémen, ils accourent à Suez de toutes les parties de la Péninsule, pour transporter les précieuses cargaisons de Bangalots.

Arrivés au Caire, ils font de misérables provisions, et sortent immédiatement de la ville pour aller s'établir dans quelque pli profond de la chaîne du Mokattam, afin de n'être pas mis en réquisition par les agents du vice-roi, qui paient toujours fort mal, quand ils paient, ainsi que cela se pratique dans tous les gouvernement irréguliers. Du reste, le commerce ne cherche guère à les employer. Les chameaux du Sinaï, bien que bons marcheurs, sont de petite taille, d'une race faible, et les négociants égyptiens choisissent de préférence les dromadaires de Syrie appartenant aux Thyaïa, qui sont grands et forts comme des éléphants. Leur ressource la plus ordinaire, ce sont les voyageurs qui veulent faire le pèlerinage du couvent, ou les anglais riches, désireux d'aller à Pétra par Ackabah. Comme il est rare qu'un bédouin possède plus d'un chameau (souvent même c'est la propriété de plusieurs), et qu'il en faut huit ou dix pour le plus modeste explorateur, ils ne chôment jamais; et les quatre ou cinq cents piastres du produit de chaque hedjeïn sont convertis en fèves, en dourah, en blé, en tabac et café; le tout est chargé sur un chameau, que paie le voyageur, et que l'on expédie vers la tribu.

La plupart des Bédouins ne font qu'un voyage d'Egypte chaque année, et le produit, bien qu'il soit très-maigre (100 à 125 francs), suffit néanmoins à assurer la subsistance de la pauvre famille du désert; les habiles cheicks en font deux et quelquefois trois. Aussi ceux là portent-ils d'éclatantes robes de soie de Damas dues aux libéralités des Européens, et la misère se fait moins sentir sous leurs tentes.

Quand le Khamsin souffle avec violence, lorsque les grandes chaleurs commencent à brûler la capitale de l'Egypte, ils s'en vont avec leur moisson de l'année convertie en provision de bouche ainsi que nous l'avons dit, et courent se réfugier dans leurs ouadis, et le plus souvent sur les sommités de leurs montagnes alpestres; c'est pour eux le temps des plaisirs et du repos le plus absolu. Tant que dure la provision de tabac, ils fument nuit et jour; mais elle s'épuise vite, et alors ils sont réduits à remplir leur *sébil* d'une herbe odorante très-rare qu'ils trouvent au désert. Puis vient la récolte des dattes; mais tous ces travaux sont en général faits par les femmes, qui sont chez les Arabes particulièrement destinées aux fonctions les plus pénibles.

Ils paient au cheick Mousa (cheick des Szaouâlhât) un tribut misérable, et ce suzerain, ce prince (*Amir*), que je rencontrai seul, un jour, vers le col de Fouréïd, revenant du couvent où il avait été admonesté, vit surtout du produit de ses troupeaux, de ses beaux dattiers de l'oasis de Pharan et du louage de quelques chameaux qu'il confie à ses jeunes parents.

VIII

INSCRIPTIONS SINAÏTIQUES.

On s'est beaucoup préoccupé dans le monde savant, depuis le commencement de ce siècle des inscriptions de la Péninsule arabique du Sinaï. Bien des essais de déchiffrement ont été tentés ; mais la plupart des philosophes confessaient leur impuissance en face de la grande rareté des copies, — disons mieux, à cause de l'imperfection notoire des copies que l'on possédait. Cet état de choses bien connu, décida un noble cœur anglais, l'évêque Clayton, passionné pour les études bibliques, à proposer un prix de 25,000 francs pour le voyageur érudit qui en rapporterait un grand nombre. J'ai la conscience d'avoir loyalement mérité ce prix que je n'ai pas réclamé de l'Angleterre, car j'en ai rapporté près de six cents et les meilleures, sans contredit, puisqu'elles sont identiques, la plupart ayant été moulées sur les monuments eux-mêmes, à l'aide de la lottinoplastie.

Bien que dès le commencement du VIe siècle, en 518, Cosmas Indicopleustes, qui venait de faire le voyage du Sinaï, les eut attribuées à la migration de Moïse, ce qui serait un point capital pour la science et pourrait rejeter de grandes lueurs sur ces temps reculés, Niebuhr n'y vit rien, et Volney les jugeant indignes d'occuper son intelligence, n'épargna pas les railleries à Court de Gébelin, qui disait-il, perdit bien sa peine en y cherchant des mystères profonds.

A cette époque les hiéroglyphes n'étaient guère plus en faveur, malgré les travaux de la commission d'Egypte et les efforts de Zoéga, la plupart sommeillaient depuis des milliers d'années, merveilles mystérieuses d'un grand peuple, en attendant que le génie de Champollion le jeune vînt les rappeler à la vie. Espérons que l'écriture sinaïtique aura de même quelque jour son Champollion.

Avant de nous occuper de rechercher par quelles races ces curieuses légendes ont été gravées sur les rochers de la Péninsule, précisons les moyens matériels que leurs auteurs employèrent. Toutes sont écrites sur des rochers de granit, de porphyre ou d'un grès rouge cristallisé d'une dureté extrême. J'essayai le fer d'une hachette et d'un pic à roc, pour voir si je pourrais tracer des caractères semblables, mes efforts furent sans succès. Cela me fit songer à la taille du diamant; prenant aussitôt un éclat aigu de granit, j'essayai d'entamer le rocher sur lequel mes outils d'acier s'étaient émoussés, et j'y parvins avec une facilité comparativement très-grande. C'est ainsi qu'égaré dans la chaîne des monts Hellel, je pus facilement tracer une inscription, d'abord à la pointe et terminée à vive arête, pour avertir ceux qui viendraient après moi, que cette route aboutissait à une impasse.

Ainsi la plus grande partie de ces inscriptions, à n'en pas douter, ont été taillées avec des fragments de granit et l'outil se trouvait toujours au pied de l'œuvre.

Après avoir indiqué les moyens graphiques employés pour ciseler ces légendes, il nous reste à parler de leur âge, de leur origine et des croix qu'on voit *quelquefois* sur les rochers.

Les uns fixent leur date au IVe siècle de notre ère et veulent qu'elles soient une œuvre des chrétiens; le docteur Lepsius et M. François Lenormant partagent cette opinion. M. Tuch, dont le monde savant déplore la perte, les supposant antérieures de deux ou trois siècles, a essayé de prouver que leurs auteurs étaient des Arabes, professant le sabéisme, et que le christianisme n'était pour rien dans ces légendes écrites, selon lui, dans un dialecte arabe. M. Renan a adopté les mêmes conclusions dans son livre sur les langues scénitiques.

M. Forster voit dans ces écritures mystérieuses l'œuvre de la migration des Israélites et il appuie son système d'une foule de raisons dont quelques-unes ne manquent ni de force ni d'une certaine autorité.

Il est incontestable pour moi qu'elles sont antérieures au christianisme, ce qui détruit le système de MM. Lepsius et François Lenormant.

Si ces légendes étaient des IV et Ve siècles, on ne l'aurait pas ignoré à Pharan, ville lettrée, siège d'un évêque à cette époque, et Cosmas n'aurait pas eu la peine de signaler aux savants d'Alexandrie ces inscriptions qu'il jugeait d'une si haute importance pour l'histoire sacrée.

On trouve des inscriptions grecques et latines parmi les inscriptions sinaïtiques, or le fond de ces lettres est plus clair, plus rose, ce qui lui donne un air *récent*, comparées à celles dont elles sont entourées; cette circonstance me frappa vivement lorsque j'en pris le moulage, et ne contribua pas peu à me confirmer dans l'idée que j'avais déjà de la très-haute antiquité des caractères sinaïtiques.

Quant aux croix qui s'y rencontrent, elles sont *fort rares*, nous l'affirmons. Souvent elles sont isolées, et quand elles sont, soit au commencement, soit au milieu, soit à la fin des légendes, elles apparaissent là comme un hors-d'œuvre. D'ailleurs elles sont tracées avec un instrument de métal quelconque, et comme les inscriptions grecques et latines, leur couleur fraîche tranche vivement sur le reste. Il est pour moi incontestable que les croix ont été tracées par des pèlerins venus au Sinaï du IVe au Ve siècle, et qu'il s'est écoulé un grand nombre de siècles entre l'époque des légendes tracées par un peuple aujourd'hui inconnu, et celle où furent tracées les croix.

Quand à la connexité existant entre l'écriture sinaïtique et celle de l'Egypte, nous sommes parfaitement de l'avis de Forster; vingt-deux des lettres de l'alphabet démotique égyptien se retrouvent constamment dans les inscriptions sinaïtiques; à deux ou trois variantes près, c'est le même alphabet. Il est permis de supposer qu'il y a une certaine analogie entre les deux langues, ou mieux, que le pauvre dialecte des pasteurs s'est agrandi aux dépens de la vieille langue souveraine.

Pour nous résumer, nous dirons que les inscriptions sinaïtiques ont été écrites dans un dialecte araméen ou arabe, mais avec l'alphabet populaire à peine modifié de l'ancienne Egypte. Nous n'avons pas de parti pris, pas de système; nous n'avons en vue que l'avancement de la science. Or il ressort de nos remarques et de nos longues études en cette matière, que si ces légendes étranges ne sont pas l'œuvre des Israélites, comme beaucoup inclinent à le croire; que s'il faut se résigner à penser qu'un peuple aussi intelligent, aussi persévérant que le peuple hébreu, n'a pas laissé sur le granit indélébile de la Péninsule du Sinaï, un seul monument de son Exode pour remercier Dieu d'avoir pu, au milieu de tant de misère et de périls, recouvrer le salut et la liberté ; s'il faut abandonner tout cela, alors elles ne peuvent avoir été écrites que par une race scénitique ayant eu les plus grandes affinités avec l'Egypte à laquelle elle dut sa civilisation et son écriture, une race araméenne ou arabe anté-islamique, allant sans cesse du Hauran à la mer Rouge, et cela ne convient, selon moi, qu'à la colonie des Nabathéens dont Pétra était la métropole. En dehors de ces deux peuples, tout est conjectures et ténèbres.

FIN.

Wassy, Imp. de Mougin-Dallemagne.

TABLE DES MATIÈRES.

A

B

E

F

G

H

I

K

L

M

N

O

P

Q

R

S

FIN DE LA TABLE DES MATIÈRES,

Wassy, Imp. de Mougin-Dallemagne.

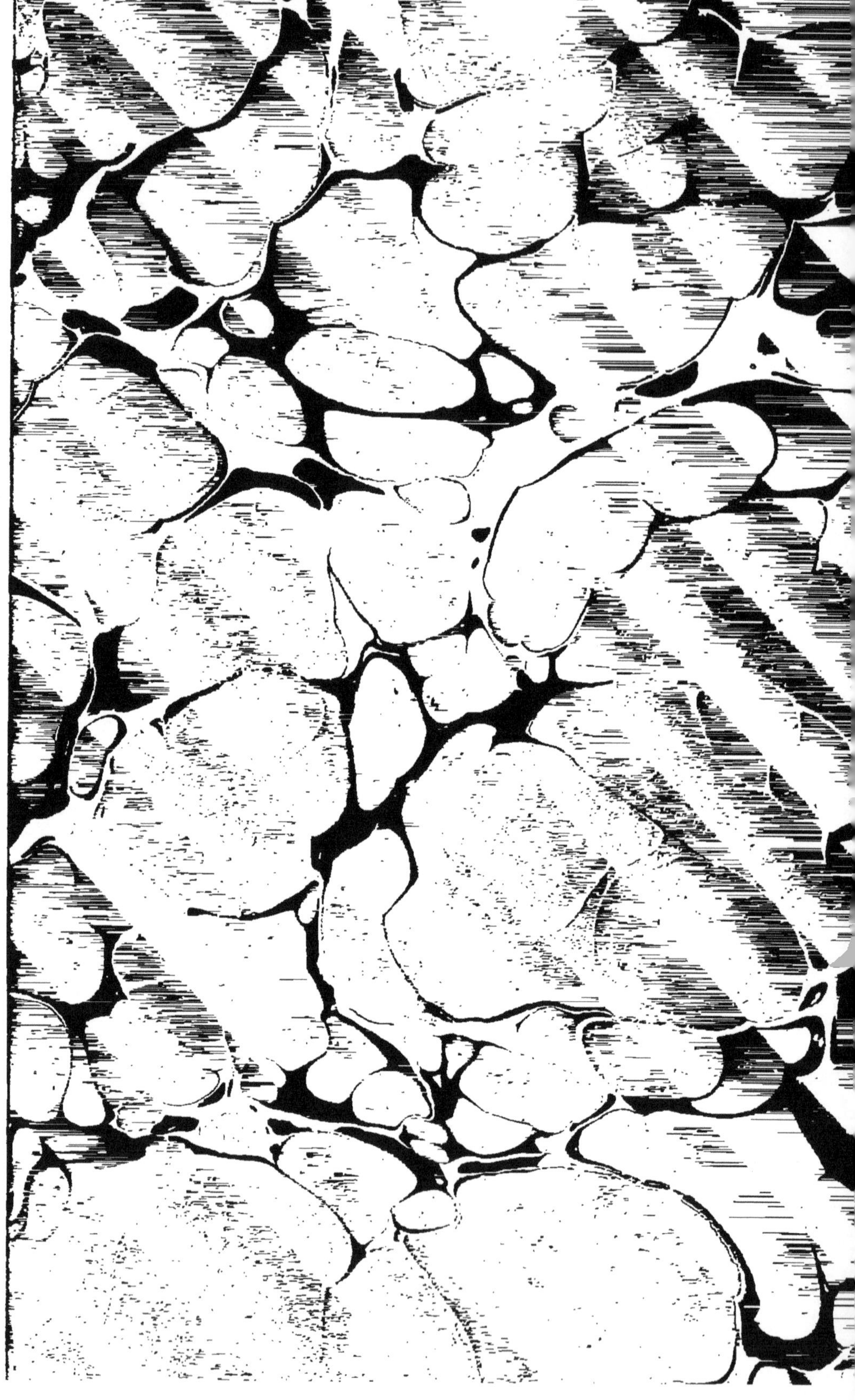

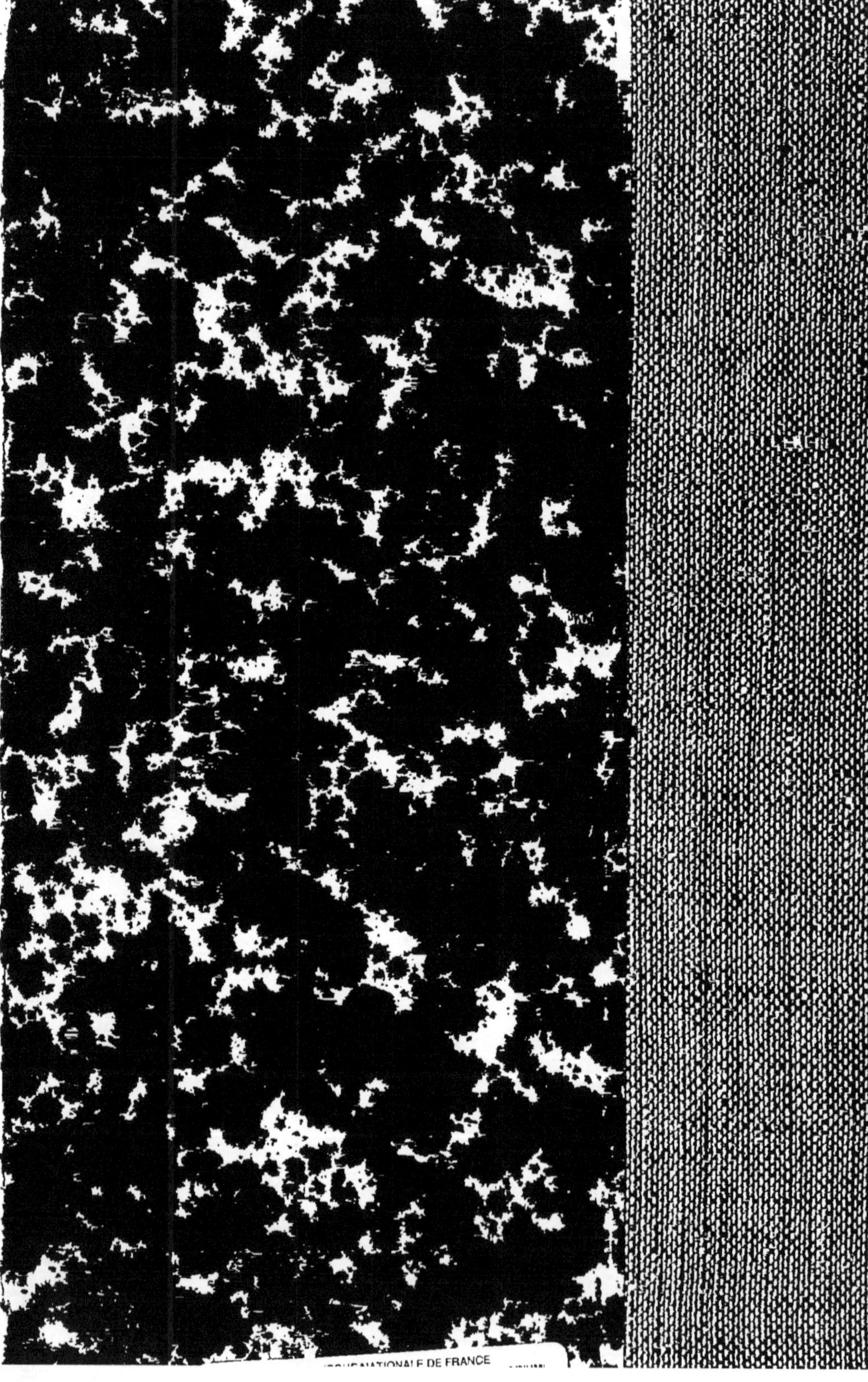

www.ingramcontent.com/pod-product-compliance
Ingram Content Group UK Ltd.
Pitfield, Milton Keynes, MK11 3LW, UK
UKHW020214250726
13967UKWH00003B/1469